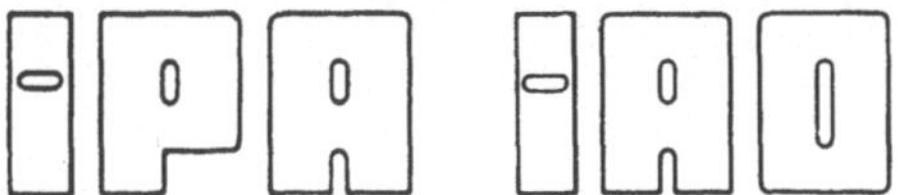

Forschung und Praxis

Band 151

Berichte aus dem
Fraunhofer-Institut für Produktionstechnik
und Automatisierung (IPA), Stuttgart,
Fraunhofer-Institut für Arbeitswirtschaft
und Organisation (IAO), Stuttgart, und
Institut für Industrielle Fertigung und
Fabrikbetrieb der Universität Stuttgart

Herausgeber: H. J. Warnecke und H.-J. Bullinger

Gernot E. Fischer

Montage von Schrauben mit Industrierobotern

Mit 37 Abbildungen

Springer-Verlag
Berlin Heidelberg GmbH 1990

Dipl.-Ing. Gernot E. Fischer

Fraunhofer-Institut für Produktionstechnik und Automatisierung (IPA), Stuttgart

Prof. Dr.-Ing. Dr. h. c. Dr.-Ing. E. h. H. J. Warnecke

o. Professor an der Universität Stuttgart
Fraunhofer-Institut für Produktionstechnik und Automatisierung (IPA), Stuttgart

Prof. Dr.-Ing. habil. H.-J. Bullinger

o. Professor an der Universität Stuttgart
Fraunhofer-Institut für Arbeitswirtschaft und Organisation (IAO), Stuttgart

D 93

ISBN 978-3-540-53519-5   ISBN 978-3-662-12543-4 (eBook)
DOI 10.1007/978-3-662-12543-4

Gesamtherstellung: Copydruck GmbH, Heimsheim
2362/3020—543210

<u>Geleitwort der Herausgeber</u>

Futuristische Bilder werden heute entworfen:

o Roboter bauen Roboter,

o Breitbandinformationssysteme transferieren riesige Datenmengen in
  Sekunden um die ganze Welt.

Von der "menschenleeren Fabrik" wird da gesprochen und vom "papierlo-
sen Büro". Wörtlich genommen muß man beides als Utopie bezeichnen,
aber der Entwicklungstrend geht sicher zur "automatischen Fertigung"
und zum "rechnerunterstützten Büro". Forschung bedarf der Perspektive,
Forschung benötigt aber auch die Rückkopplung zur Praxis - insbesondere im Bereich der Produktionstechnik und der Arbeitswissenschaft.

Für eine Industriegesellschaft hat die Produktionstechnik eine Schlüs-
selstellung. Mechanisierung und Automatisierung haben es uns in den
letzten Jahren erlaubt, die Produktivität unserer Wirtschaft ständig
zu verbessern. In der Vergangenheit stand dabei die Leistungssteigerung
einzelner Maschinen und Verfahren im Vordergrund. Heute wissen wir, daß
wir das Zusammenspiel der verschiedenen Unternehmensbereiche stärker
beachten müssen. In der Fertigung selbst konzipieren wir flexible Fertigungssysteme, die viele verkettete Einzelmaschinen beinhalten. Dort,
wo es Produkt und Produktionsprogramm zulassen, denken wir intensiv
über die Verknüpfung von Konstruktion, Arbeitsvorbereitung, Fertigung
und Qualitätskontrolle nach. Rechnerunterstützte Informationssysteme
helfen dabei und sollen zum CIM (Computer Integrated Manufacturing)
führen und CAD (Computer Aided Design) und CAM (Computer Aided Manufacturing) vereinen. Auch die Büroarbeit wird neu durchdacht und mit
Hilfe vernetzter Computersysteme teilweise automatisiert und mit den
anderen Unternehmensfunktionen verbunden. Information ist zu einem
Produktionsfaktor geworden, und die Art und Weise, wie man damit umgeht,
wird mit über den Unternehmenserfolg entscheiden.

Der Erfolg in unseren Unternehmen hängt auch in der Zukunft entscheidend von den dort arbeitenden Menschen ab. Rationalisierung und Automatisierung müssen deshalb im Zusammenhang mit Fragen der Arbeitsgestaltung betrieben werden, unter Berücksichtigung der Bedürfnisse der Mitarbeiter und unter Beachtung der erforderlichen Qualifikationen. Investitionen in Maschinen und Anlagen müssen deshalb in der Produktion wie
im Büro durch Investitionen in die Qualifikation der Mitarbeiter begleitet werden. Bereits im Planungsstadium müssen Technik, Organisation
und Soziales integrativ betrachtet und mit gleichrangigen Gestaltungs-
zielen belegt werden.

Von wissenschaftlicher Seite muß dieses Bemühen durch die Entwicklung
von Methoden und Vorgehensweisen zur systematischen Analyse und Verbesserung des Systems Produktionsbetrieb einschließlich der erforderlichen Dienstleistungsfunktionen unterstützt werden. Die Ingenieure
sind hier gefordert, in enger Zusammenarbeit mit anderen Disziplinen,
z. B. der Informatik, der Wirtschaftswissenschaften und der Arbeitswissenschaft, Lösungen zu erarbeiten, die den veränderten Randbedingungen
Rechnung tragen.

Beispielhaft sei hier an den großen Bereich der Informationsverarbei-
tung im Betrieb erinnert, der von der Angebotserstellung über Konstruktion und Arbeitsvorbereitung, bis hin zur Fertigungssteuerung und Qualitätskontrolle reicht. Beim Materialfluß geht es um die richtige Aus-

wahl und den Einsatz von Fördermitteln sowie Anordnung und Ausstattung
von Lagern. Große Aufmerksamkeit wird in nächster Zukunft auch der
weiteren Automatisierung der Handhabung von Werkstücken und Werkzeugen sowie der Montage von Produkten geschenkt werden.

Von der Forschung muß in diesem Zusammenhang ein Beitrag zum Einsatz
fortschrittlicher intelligenter Computersysteme erfolgen. Planungs-
prozesse müssen durch Softwaresysteme unterstützt und Arbeitsbedingun-
gen wissenschaftlich analysiert und neu gestaltet werden.

Die von den Herausgebern geleiteten Institute, das

- Institut für Industrielle Fertigung und Fabrikbetrieb der Universität
  Stuttgart (IFF),

- Fraunhofer-Institut für Produktionstechnik und Automatisierung (IPA),

- Fraunhofer-Institut für Arbeitswirtschaft und Organisation (IAO)

arbeiten in grundlegender und angewandter Forschung intensiv an den
oben aufgezeigten Entwicklungen mit. Die Ausstattung der Labors und
die Qualifikation der Mitarbeiter haben bereits in der Vergangenheit
zu Forschungsergebnissen geführt, die für die Praxis von großem
Wert waren. Zur Umsetzung gewonnener Erkenntnisse wird die Schriftenreihe "IPA-IAO - Forschung und Praxis" herausgegeben. Der vorliegende
Band setzt diese Reihe fort. Eine Übersicht über bisher erschienene
Titel wird am Schluß dieses Buches gegeben.

Dem Verfasser sei für die geleistete Arbeit gedankt, dem Springer-
Verlag für die Aufnahme dieser Schriftenreihe in seine Angebotspa-
lette und der Druckerei für saubere und zügige Ausführung. Möge das
Buch von der Fachwelt gut aufgenommen werden.

                              H. J. Warnecke · H.-J. Bullinger

Vorwort

Die vorliegende Arbeit entstand während meiner Tätigkeit als wissenschaftlicher Mitarbeiter am Fraunhofer-Institut für Produktionstechnik und Automatisierung (IPA), Stuttgart.

Herrn Prof. Dr.-Ing. H.J. Warnecke danke ich für die Zurverfügungstellung der notwendigen Einrichtungen.

Bedanken möchte ich mich ebenfalls bei allen Kolleginnen und Kollegen, Freunden und Bekannten die sich in irgendeiner Weise in dieser Arbeit wiederfinden.

Vor allem die Zusammenarbeit mit Herrn Dr. Joachim Schöninger hat mir viel bedeutet.

Stuttgart, im September 1990   Gernot E. Fischer

INHALTSVERZEICHNIS

		Seite
0	Abkürzungen und Formelzeichen	12
1	Einleitung	17
1.1	Problemstellung	17
1.2	Zielsetzung und Vorgehensweise	20
2	Stand der Technik	21
2.1	Einsatzbereiche von Schraubvorrichtungen	21
2.2	Flexible Schraubmontage mit Industrierobotern	21
3	Analyse von Schraubarbeitsplätzen	25
3.1	Analyse von Arbeitsplätzen bezüglich der Anzahl unterschiedlicher Werkstückvarianten	25
3.2	Analyse von Arbeitsplätzen bezüglich der Kopfform der Werkstückvarianten	26
3.3	Analyse von Arbeitsplätzen bezüglich des Durchmessers der Werkstückvarianten	27
4	Analyse des Fügeprozesses	28
4.1	Phasenmodell des Fügevorgangs "Schrauben"	28
4.2	Rechnergestützte Simulation des Fügevorgangs	30

4.3   Analytische Berechnung der Wechselwirkungen   36
        zwischen den Berührflächen der Fügepartner

4.4   Analytische Berechnung der Wechselwirkungen   43
        zwischen Schraubenkopf und Schraubwerkzeug

5   Anforderungen an Schraubsysteme   47

5.1   System zum Ausgleich von Positionierfehlern   47
5.1.1   Prozeßbedingte Anforderungen   47
5.2   System zur Verminderung der axialen Fügekraft   49
5.3   System zur Steigerung der Einsatzflexibilität   53

6   Konzeption und Entwicklung von Funktionsmodulen   55

6.1   Modul zum Ausgleich von Positionierfehlern   55
6.2   Modul zur Verminderung der axialen Fügekraft   57
6.2.1   Vermeidung von Bahnfehlern   57
6.2.2   Vermeidung von Schleppfehlern   58
6.3   Modul zur Steigerung der Einsatzflexibilität   60

7   Erprobung der Funktionsmodule   62

7.1   Versuchsaufbau zur Erprobung des Moduls zum   62
        Ausgleich von Positionierfehlern
7.1.1   Rechnerprogramm zur einsatzfallangepaßten Aus-   68
        legung des Moduls zum Ausgleich von Positionier-
        fehlern
7.2   Versuchsaufbau zur Erprobung des Moduls zur   69
        Verminderung der axialen Fügekraft
7.3   Versuchsaufbau zur Erprobung des Moduls zur   73
        Steigerung der Einsatzflexibilität

8	Kombination der Funktionsmodule zu einer flexiblen Roboterschraubstation	75
8.1	Gesamtsystem	75
8.2	Prinzipieller Aufbau	75
8.3	Versuchsaufbau zur Erprobung einer flexiblen Roboterschraubstation	78
9	Zusammenfassung und Ausblick	80
10	Literaturverzeichnis	83

Großbuchstaben

A	m^2	rechnerische Auflagefläche
A_s	-	Linie gleicher Schubspannung
B_s	-	Linie gleicher Schubspannung
C_s	-	Linie gleicher Schubspannung
D	mm	Außendurchmesser des Gewindeschafts
D_s	-	Linie gleicher Schubspannung
D_I	mm	Innendurchmesser des Near-Collet-Compliance-Elements (NCC)
D_A	mm	Außendurchmesser des Near-Collet-Compliance-Elements (NCC)
E	$\dfrac{N}{mm^2}$	Elastizitätsmodul der Nußführung
E_s	-	Linie gleicher Spannung
F	N	Reaktionskraft der Schraube
F_1	N	Kraftkomponente in y_1-Richtung
F_2	N	Kraftkomponente in y_2-Richtung
F_{ax}	N	Axialkraft
F_{lat}	N	Lateralkraft
F_q	N	Querkraft
F_{rad}	N	radiale Komponente der durch das Drehmoment erzeugten Reaktionskraft beim Festdrehvorgang
F_s	-	Linie gleicher Schubspannung
$F_{rück}$	N	Horizontalkomponente der Fügereaktionskraft bei Positionierfehlern
F_{tan}	N	Tangentialkomponente der Normalkraft auf der Berührfläche
F_{theres}	N	aus Positionierfehlern resultierende theoretische Fügekraft
F_F	N	Fügereaktionskraft
F_{KL}	N	Klemmkraft

Symbol	Einheit	Bedeutung
F_N	N	Normalkomponente der durch das Drehmoment erzeugten Reaktionskraft beim Festdrehvorgang
$F_{P0,2}$	$\dfrac{N}{mm^2}$	Mindeststreckgrenze der Schraube
F_R	N	Reibkomponente der durch das Drehmoment erzeugten Reaktionskraft beim Festdrehvorgang
F_T	N	tangentiale Komponente der durch das Drehmoment erzeugten Reaktionskraft beim Festdrehvorgang
F_W	N	Gesamtreaktionskraft an einer Kontaktfläche
F_{wirk}	N	wirksame Reibungskraft
F_S	%	Fügesicherheit
G	mm	Gewindespiel; Durchmesserdifferenz zwischen Gewindebohrung und Schraubengewinde
G_S	-	Linie gleicher Schubspannung
IR_{Pos}	mm	Positioniergenauigkeit der Industrieroboter
H	%	Häufigkeit
H_S	-	Linie gleicher Schubspannung
I_y	m^4	Trägheitsmoment der Nußführung
K_1	$\dfrac{m \cdot K}{W \cdot \sqrt{s}}$	schraubfallabhängige Konstante
L	mm	Lateralversatz der Fügepartner durch Positionierfehler
M	Nm	Festdrehmoment (Erzeugung Klemmkraft)
M_i	Nm	Drehmoment
M_E	Nm	Eindrehmoment (bis Kopfauflage)
M_F	Nm	Festdrehmoment
M_R	Nm	Reibmoment
Ni	-	chem. Zeichen für Nickel
P	mm	Positionierfehler
P_G	mm	Gewindesteigung
PTFE	-	Polytetrafluorethylen
Q	Nm	Energiemenge

R	mm	Abstand zwischen Drehpunkt und Anlagepunkt
R_L	W	Wärmestrom an den Kontaktflächen der Gewindeflanken
R_W	$\dfrac{K}{W}$	Kontaktwiderstand für Wärmetransport
REM	-	Rasterelektronenmikroskop
S	mm	Suchkreisradius
SW	mm	Schlüsselweite Schraubwerkzeug
Sw	mm	Spiel eines Schraubenkopfes im Schraubwerkzeug = SW - sw
ZS_{Pos}	mm	Positioniergenauigkeit der Zuführsysteme

Kleinbuchstaben

b	$\dfrac{W \cdot \sqrt{s}}{m^2 \cdot K}$	Wärmeeindringkoeffizient
c_{ax}	$\dfrac{N}{mm}$	Axialfederrate einer nachgiebigen Werkzeugaufhängung
c_{lat}	$\dfrac{N}{mm}$	Lateralfederrate einer nachgiebigen Werkzeugaufhängung
c_p	$\dfrac{J}{kg \cdot K}$	spezifische Wärmekapazität
d	mm	Durchmesser der Schraube
e	mm	Eckmaß
i	-	laufende Nummer
k	mm	Kopfhöhe der Schraube
k_K	mm	Höhe der Kraftangriffsfläche des Werkzeuges am Schraubenkopf
l	mm	Schaftlänge der Schraube
l_{VK}	mm	Versatzkipplänge der Schraube $= l + \dfrac{k}{2}$
n	s^{-1}	Drehzahl

q	mm	Kippspiel zwischen Gewindeflanken von Außen- und Innengewinde
q_W	$\dfrac{J}{s \cdot m^2}$	Wärmestromdichte
sw	mm	Schlüsselweite Schraubenkopf
t	s	Zeit
h	-	Anzahl der Lamellen des NCC
r	mm	Berührflächenabstand von der Schraubenlängsachse
r_m	m	mittlerer Flankenradius
r_{GG}	m	Radius des Schraubengewindegrunds
r_{GS}	m	Radius der Schraubengewindeflankenspitze
x	-	Traganteil
y_1	-	Koordinatenrichtung
y_2	-	Koordinatenrichtung
z	-	Variable

Griechische Buchstaben

α	°	Kippwinkel zwischen Achse des Schraubwerkzeuges und Achse der Schraube
β	°	Rotationswinkel der Schraube beim Eindrehvorgang
γ	°	Winkel zwischen F_W und F_{rad}
δ	°	räumliche Winkelrichtung des Kippwinkels
ϑ	K	Temperaturerhöhung bei lokalem Wärmeübergang
$\vartheta(t_{A1})$	K	Temperaturerhöhung bei lokalem Wärmeübergang an der Fläche A1
η	°	Winkel zwischen F_W und F_N
λ	$\dfrac{W}{m \cdot K}$	Wärmeleitungskoeffizient
μ	-	Gleitreibungskoeffizient
π	-	Kreiskonstante
ρ	$\dfrac{kg}{m^3}$	Dichte

τ	°	Torsionswinkel des NCC-Elements
φ	°	Kippwinkel zwischen Achse der Schraube und Achse der Gewindebohrung
Δs	mm	überlagerte axiale Vorspannung
Δx	mm	Lateralversatz
$\Delta \beta$	°	Berührungswinkel der Gewindeflanken beim Eindrehvorgang
ω	s^{-1}	Kreisfrequenz

Sonstige

$\varnothing$	mm	Durchmesser
max.	-	maximal
min.	-	minimal
Ofl.	-	Oberfläche

1   Einleitung

1.1   Problemstellung

Zunehmender Wettbewerbsdruck bei kürzerer Produktlebensdauer und sinkenden Losgrößen im Fertigungsbereich haben in den zurückliegenden Jahren in vielen Bereichen der industriellen Produktion zum Einsatz von Industrierobotersystemen geführt /1/. Die Erhaltung der Wettbewerbsfähigkeit durch den Einsatz von Industrierobotern in neuen Anwendungsgebieten /2/ wird auch in Zukunft im Bereich der westlichen Industrienationen eine zentrale Thematik der Unternehmensplanung bleiben /3 - 5/.

Zu den wichtigsten und häufigsten Montagevorgängen überhaupt gehört die Herstellung von Schraubverbindungen /6 - 9/. Die Frage ihrer Automatisierbarkeit muß daher einen der Schwerpunkte der Forschungen im Bereich der Montageautomatisierung darstellen (Bild 1).

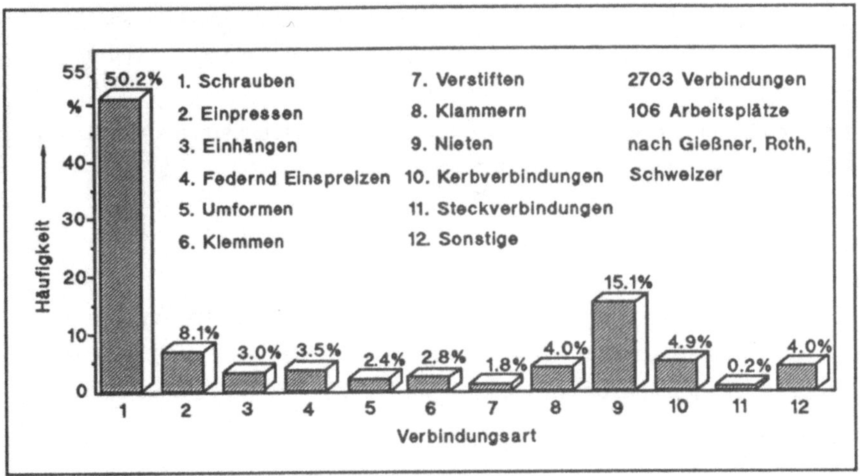

Bild 1 : Häufigkeit von Verbindungen im Maschinenbau, Fahrzeugbau und bei feinwerktechnischen Geräten nach Gießner, Roth, Schweizer /1/

Derzeit werden in automatisierten Montagelinien die Arbeitsvorgänge Überwachen, Zuführen und Eindrehen von Schrauben bzw. Muttern meist manuell ausgeführt /10 - 12/. Lediglich das Festziehen auf Drehmoment übernehmen automatische Schraubstationen /13 - 20/. Dieser letzte Teil des Gesamtablaufs wurde in der Vergangenheit am stärksten betrachtet. Es gibt zahlreiche Untersuchungen zum Problem des Festdrehens von Schrauben bzw. Muttern, um mit ausreichender Sicherheit die erforderliche Vorspannkraft in Abhängigkeit von Werkstück und Umgebungsparameter vorhersagen zu können /21 -28/.

Es wurden Wechselbeziehungen zwischen Vorspann- und Reibkräften, Reibmomenten, Anzugs- und Setzmomenten bestimmt /29 - 33/, die Einflußfaktoren Oberflächenbeschaffenheit und Schmierungszustand berücksichtigt /35/ und Regeln zur Auswahl des jeweils geeigneten Anzugsverfahrens aufgestellt /34 - 42/.

Ergebnis dieser Anstrengungen sind die heute am Markt erhältlichen elektronischen oder elektropneumatischen Schraubsysteme /43 - 54/ mit in die Spindel integrierten Sensoren zur Erfassung von Drehwinkel und Drehmoment /55 - 60/ sowie Steuereinheiten, die mit Mikroprozessoren ebenso ausgerüstet sind wie mit bildschirmgestützter Bedienerführung und statistischer Aufbereitung der Prozeßdaten /61 - 65/.
Eine Kombination dieser Systeme mit flexiblen Handhabungsgeräten zu flexiblen Schraubstationen findet bisher jedoch nicht statt.

Die Gründe dafür liegen nach /6/ darin, daß

- die Umrüstbarkeit konventioneller Teilezuführsysteme nur bedingt vorhanden und mit relativ großem Aufwand verbunden ist /66 - 68/, d.h. die Flexibilität eines programmierbaren Handhabungsgerätes kann nicht ausgeschöpft werden,

- verfügbare Fügehilfen zur Positionierfehler-Kompensation nicht prozeßkompatibel sind, da herkömmliche sog. Compliance-Elemente (Remote Center Compliance - RCC /69 - 73/) zwar Lateral- und Angularfehler ausgleichen, gleichzeitig jedoch durch ihre konstruktionsbedingte Drehnachgiebigkeit eine zuverlässige Prozeßüberwachung beim Anziehen unmöglich machen,

- automatische Wechselsysteme für Schraubwerkzeuge bzw. Schraubspindeln nur als aufwendige Sonderanfertigungen erhältlich sind; ein Werkzeugwechsel bedingt im allgemeinen einen Wechsel der gesamten Schraubspindel und damit eine so starke Erhöhung der Anlagenkomplexität sowie der Taktzeit, daß ein wirtschaftlicher Einsatz verhindert wird /74,75/,

- betriebssichere Systeme zur Synchronisation der Roboterbewegung mit der Bewegung von kontinuierlich arbeitenden Fördersystemen (Roboter-Conveyor-Synchronisation) nicht verfügbar sind, so daß Einsatzfälle an solchen Systemen von vornherein ausscheiden /76/.

Im Bereich der Zuführsysteme sind erste Ansätze zur Flexibilisierung erkennbar. So existieren beispielsweise Vibrationswendelförderer mit Sensoreinheiten, die in der Lage sind, Werkstücke in Abhängigkeit von Lage und Geometrie auszusortieren bzw. zu klassieren /77/. Werden solche Einheiten z.B. mit Einblasvorrichtungen gekoppelt und unter Berücksichtigung physikalischer und geometrischer Gegebenheiten geeignet eingesetzt (Blasdruck, Schraubenform, Krümmungsradien des Schlauchs usw.), so sind der Anwendung von Industrierobotern nur noch geringe Flexibilitätsgrenzen gesetzt /78/.
Die Realisierung der Synchronisation von Robotern mit kontinuierlich arbeitenden Fördersystemen (Conveyor-Synchronisation) stellt sich als eine Frage der möglichen Lageregelgeschwindigkeiten der Roboterarme dar. Diese sind abhängig von der Geschwindigkeit der Sensordatenaufnahme und -verarbeitung. Derzeitige Robotersteuerungen mit Zykluszeiten von ca. 30 - 100 ms sind hierfür ungeeignet, da die entstehenden Schleppfehler Montagevorgänge unmöglich machen /76/. Eine Verbesserung der Situation für diesen Problembereich ist durch die laufenden Weiterentwicklungen der Rechnertechnik jedoch lediglich eine Frage der Zeit.

Aus diesen Betrachtungen folgt, daß sich Untersuchungen zum Thema flexible Schraubmontageautomatisierung auf die Themen Positionierfehlerausgleich und Wechselsysteme für Schraubwerkzeuge konzentrieren müssen.

1.2 Zielsetzung und Vorgehensweise

Bei der Automatisierung der Schraubmontage mit Industrierobotern herrscht ein Mangel an Kenntnissen über die hier bestehenden montagetechnischen Einsatzhemmnisse und über Lösungsansätze zu deren Beseitigung.

Es sollen daher in dieser Arbeit die speziellen Problemstellungen betrachtet werden, die bei der Verwendung von Industrierobotern zur flexiblen Schraubmontage auftreten.

Ausgehend von einer Erfassung des Ist-Zustandes der flexiblen Schraubmontage und der Analyse des Schraubprozesses werden die prozeßrelevanten Einflußparameter aufgezeigt.

Eine Quantifizierung dieser Einflußparameter erlaubt die Erstellung von Anforderungsprofilen zur Konzeption und Konstruktion von Funktionsmodulen.

Daher wird zur realitätsnahen Simulation des Fügeprozesses ein Rechnerprogramm entwickelt, welches trotz Vorliegens eines Positionierfehlers die Bestimmung des Bewegungsablaufes einer Schraube während des Fügeprozesses erlaubt.

Mit den Werten dieser Geometrieberechnung können mit Finite-Elemente-Programmen in einem zweiten Rechenschritt die Reaktionskräfte ermittelt werden, die die Schraube auf Gewindebohrung und Werkzeug ausübt.

Aus den Ergebnissen dieser Bewegungs- und Kräftebetrachtungen werden die Entwicklungsschwerpunkte abgeleitet.

Es wurde ein Modul zur Kompensation von Positionierfehlern bei der Schraubmontage (Schraubcompliance-Element), ein Modul zur Verminderung der axialen Fügekraft und ein Modul zur Steigerung der Einsatzflexibilität bzgl. Fügerichtung und Schraubendurchmesser entwickelt.

Mit Hilfe von Pilotmontagestationen soll die Tauglichkeit der entwickelten Funktionsmodule nachgewiesen werden.

Ziel der Arbeit ist es, spezifische Problemstellungen beim Einsatz von Industrierobotern für die flexible Schraubmontageautomatisierung darzustellen und durch Entwicklung angepaßter Systeme Lösungsvorschläge für diese Probleme zu erarbeiten.

2 Stand der Technik

2.1 Einsatzbereiche von Schraubvorrichtungen

Schraubmontageautomatisierung bedeutet heute überwiegend Einsatz manuell geführter oder mit einer mechanischen Vorschubeinheit ausgestatteter mehrspindliger Schraubvorrichtungen, die von Hand angedrehte Schrauben oder Muttern eindrehen und anziehen /1/.

Neben dieser großen Anzahl mechanisierter Stationen existieren derzeit vereinzelt Ansätze, die Flexibilität von Schraubanlagen z.B. durch schnellverstellbare Spindelaufhängungen, schnellwechselbare Rüstschablonen u.ä. zu erhöhen /79 - 81/.

Diese Anlagen sind in Abhängigkeit ihrer Takt- und Rüstzeiten bis zu einer gewissen Rüsthäufigkeit wirtschaftlich einsetzbar. Bei großer Variantenzahl und/oder hoher Rüsthäufigkeit sind jedoch nur noch Systeme sinnvoll, die ohne mechanische Änderung auf Softwarebasis umrüstbar sind, dies ist bei Industrierobotern der Fall.

2.2 Flexible Schraubmontage mit Industrierobotern

Die Zahl der zur Schraubmontage eingesetzten Roboter ist im Gegensatz zur Häufigkeit des Montagevorgangs "Schrauben" jedoch niedrig. Sie beträgt beispielsweise bei einem großen deutschen Automobilhersteller derzeit lediglich 2 % der Einsatzfälle, gegenüber 65 % bei Punktschweißeinsätzen /82/. Der Grund hierfür liegt in den spezifischen Problemen, die der Fügevorgang "Schrauben" mit sich bringt /83/, nämlich die Notwendigkeit, nach dem Ausgleich von Lageabweichungen eine Rotationsbewegung und dazu koordiniert eine axiale Nachführbewegung zu erzeugen, deren Bahnabweichung das maximale Gewindespiel nicht überschreiten darf. Schließlich sind am Ende des Fügevorgangs erhebliche Reaktionsmomente abzustützen.

Neben einer Reihe von Herstellerentwicklungen /84 - 87/ und Forschungsarbeiten /88 - 91/ sind einige Pilotsysteme unterschiedlicher Anwender bekannt geworden /9, 92 - 103/. Die wichtigsten veröffentlichten Einsatzbeispiele zeigt Bild 2, wobei zu sehen ist, daß fast ausschließlicher Anwender robotergestützter Schraubstationen bisher die Automobilindustrie ist.

	Produkt	Baugruppe	Füge-richtung	Schrauben-zuführung		Schraub-werkzeug		Lochbild		Schrauben-größe	
				autom.	man.	mehrsp.	einsp.	konst.	var.	konst.	var.
FIAT	Kfz	Fahrwerk	↑		●	●		●		●	
FIAT	Kfz	Türscharnier	→		●	●		●		●	
Ford	Kfz	Laufrad	→	●		●		●		●	
Nissan	Kfz	Laufrad	→	●		●		●		●	
Olds-mobile	Kfz	Fahrwerk	↑		●	●			●	●	
Saab	Kfz	Schwungrad	→	●		●		●		●	
VW	Kfz	Kühler	↓	●		●		●		●	
Atlas Copco	Kompressoren	Gehäuse	↓	●			●		●	●	
Bosch	Generator	Gleich=richter	↓	●			●		●	●	
FIAT	Kfz	Türrahmen	↓		●		●		●	●	
KHD	Kfz	Motor	↓		●		●		●	●	
VEB LIW Jüterbog	Kfz	Motor	↓	●			●		●	●	
VW	Kfz	Batterie	↓	●			●	●	●	●	
IVF/KTH	Pneumot./Ölpumpe	Komplett=montage	↓	●			●		●	●	
Grundig	Unth. elektr.	Audiocassette	↓	●		●		●		●	
Opel	Kfz	Räder	→	●		●		●		●	

→ horizontal
↓ vertikal von oben
↑ vertikal von unten

autom. = automatisch
man. = manuell
mehrsp. = mehrspindlig
einsp. = einspindlig

konst. = konstant
var. = variabel
Unth. elektr. = Unterhaltungs-elektronik
Pneumot. = Pneumatikmotor

Stand: 1989

Bild 2 : Einsatzbeispiele von Roboterschraubstationen

Die Gründe für den im Kfz-Bereich überwiegenden Einsatz sind:

- die Kfz-Industrie hat gegenüber anderen Industriezweigen beim Einsatz von Industrierobotern einen Erfahrungsvorsprung, vor allem aus den Bereichen Handhabung, Schweißen und Lackieren,

- die Kfz-Industrie verarbeitet große Stückzahlen, so daß der Einsatz von Automatisierungsmitteln wirtschaftlich sinnvoll ist,

- die große Variantenvielfalt zwingt bei Automatisierungsmaßnahmen zum Einsatz flexibler Systeme, d.h. Industrieroboter.

Innerhalb der Kfz-Industrie wiederum überwiegt der Einsatz von Industrierobotern bei der Aggregatmontage gegenüber Karosseriebau und Endmontage. Die Gründe für diesen einseitigen Einsatz liegen zum einen bei den Werkstücktoleranzen die bei der 4 m langen Blechkonstruktion einer Automobilkarosserie auftreten, zum anderen aber hauptsächlich in der Tatsache, daß bei Karosseriebau und Endmontage kontinuierlich arbeitende Fördersysteme Anwendung finden und dadurch der notwendige apparative Aufwand zur Synchronisation des Roboters mit dem Fördersystem einen wirtschaftlichen Einsatz in den meisten Fällen verhindert /76/. In der Literatur sind nur wenige Beispiele solcher Einsätze bekannt geworden /104, 105/.

Die aufgeführten Beispiele zeigen, daß

- in knapp 40% aller Fälle das Zuführen und Eindrehen der ersten Gewindegänge von Hand geschieht. Dies hängt von der Größe der Schrauben (die Zuführbarkeit durch Einblasen ist bei Schraubengewichten über ca. 15 g eingeschränkt) sowie von den auftretenden Lageabweichungen ab (Toleranzen der Blechkonstruktion, s.o.),

- soweit möglich wird "senkrecht von oben" oder horizontal verschraubt, die Fügerichtung "senkrecht von unten" wird wegen der Gefahr des undefinierten Kippens der Schraube im Schraubwerkzeug nach Möglichkeit vermieden (Ausnahme: Fahrwerksmontage, hier müßte andernfalls das Gesamtfahrzeug gewendet werden),

- es ist sichtbar, daß keine Einsatzfälle existieren, bei denen unterschiedliche Schraubengrößen verarbeitet werden; offensichtlich sind die zum automatischen Wechsel des Schraubwerkzeugs bisher entwickelten Labormuster /75, 104/ wegen der bei jedem Durchmesserwechsel auftretenden hohen Wechselzeiten nicht praxisgerecht.

Damit lassen sich die gezeigten Einsätze von Schraubrobotern grundsätzlich in zwei Kategorien einteilen:

- Geräte mit einer mehrspindligen Montagevorrichtung, in die neben Schraubspindeln häufig noch weitere Funktionsträger integriert sind (Greifer, Niederhalter);
bei diesen Anlagen arbeitet der Roboter lediglich als flexible Positioniereinrichtung, welche den Aktuator an bestimmte Raumpunkte bringt,

- Geräte mit einer einspindeligen Montagevorrichtung, in die teilweise die Zuführung der Schrauben integriert ist;
das Zuführen geschieht dabei ausschließlich per Zuführschlauch, die teilweise vorgeschlagenen alternativen Zuführmöglichkeiten /75,76/ finden keine aktuelle Anwendung.

Nur Geräte der zweiten Kategorie sind bezüglich ihrer Einsatzflexibilität als nicht eingeschränkt zu betrachten, da bei mehrspindligen Konfigurationen unterschiedliche Lochbilder ohne mechanische Umrüstung nicht bearbeitet werden können.

3 Analyse von Schraubarbeitsplätzen

3.1 Analyse von Arbeitsplätzen bezüglich der Anzahl unterschiedlicher Werkstückvarianten

Untersuchungen haben ergeben, daß bei knapp der Hälfte aller Arbeitsplätze unterschiedliche Schrauben verarbeitet werden, und zwar bis zu fünf verschiedene Typen.

Wie im <u>Bild 3</u> gezeigt, beträgt der Anteil von Schraubarbeitsplätzen mit bis zu 5 unterschiedlichen Schrauben ca. 45% der insgesamt vorhandenen Arbeitsplätze.

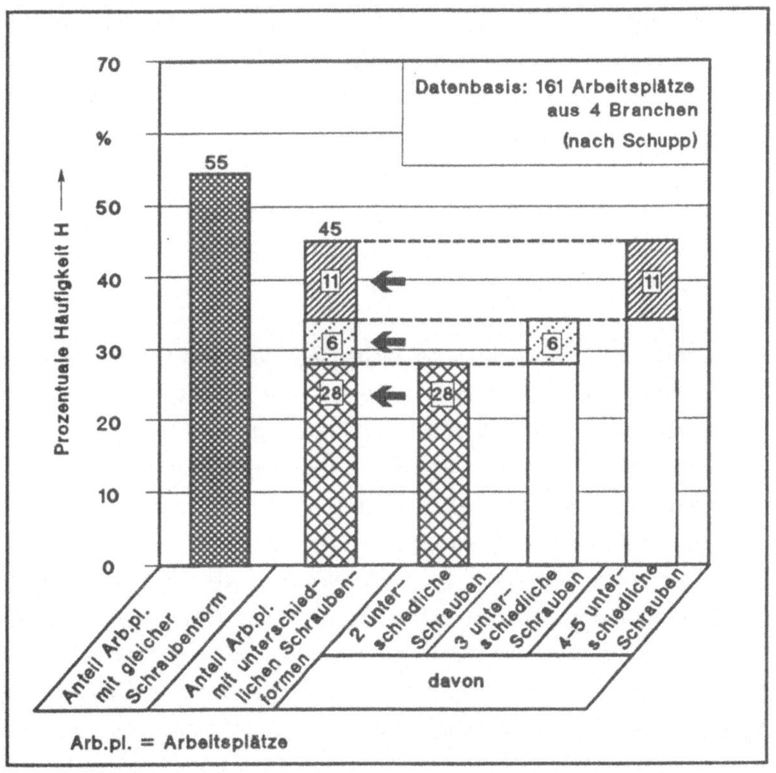

<u>Bild 3</u> : Flexibilitätsanforderungen an Schraubmontageplätze

Bisherige Anwendungen konventioneller als auch flexibler Montagevorrichtungen sind auf nur eine Schraubengröße beschränkt. Außer wenigen Labormustern gibt es zur Steigerung der Flexibilität hier bislang keine Ansätze.

Für einen wirtschaftlich sinnvollen Einsatz von Automatisierungsmitteln bei einem solchen Anwendungsfall ist Bedingung, daß Werkzeugwechselvorgänge wegen der damit verbundenen starken Erhöhung der Montagezeiten möglichst vermieden werden und der apparative Aufwand die Investitionskosten nicht in unwirtschaftlich hohe Bereiche treibt. Unter den Aspekten der flexiblen Montageautomatisierung ergibt sich damit die Forderung nach Werkzeugen, die in der Lage sind, ohne mechanische Umrüstung verschiedene Werkstücke zu verarbeiten.

Neben der Tatsache, daß an einem relativ hohen Anteil derzeitiger Schraubarbeitsplätze unterschiedliche Werkstücke verarbeitet werden, sind für die Konzeption eines flexiblen Schraubwerkzeugs die Art der Kopfform der Schraube und der Durchmesserbereich entscheidende Parameter.

3.2 Analyse von Arbeitsplätzen bezüglich der Kopfform der Werkstückvarianten

Die Untersuchungen eines international tätigen Anlagen- und Schraubwerkzeugherstellers bei einem großen deutschen Kfz-Hersteller an einem nach modernen Gesichtspunkten montagegerecht gestalteten Fahrzeugtyp /105/ haben ergeben, daß sich in diesem Fahrzeug 871 Schrauben befinden. Davon sind 535 Außensechskantschrauben, das entspricht einem Anteil von 61%, der nächstgrößte Anteil von 180 Blechschrauben beträgt knapp 21%. Die Kopfformen Außen- oder Innentorx lassen durch die Gestaltung der Schlüsselflächen die Übertragung großer Drehmomente zu. Torxschrauben werden daher ausschließlich aus hochfesten Werkstoffen hergestellt und bei stark belastbaren Verbindungen eingesetzt. Der dadurch bedingte höhere Preis für diese Schrauben hat bisher eine stärkere Verbreitung verhindert. Aus dem Gesagten folgt, daß sich Betrachtungen zu einer flexiblen Schraubeinheit hauptsächlich auf die Kopfform Außensechskant beziehen müssen.

3.3 Analyse von Arbeitsplätzen bezüglich des Durchmessers der Werkstückvarianten

Einer Analyse eines weiteren deutschen Kfz-Herstellers zufolge liegen ca. 86% der verwendeten Schraubengrößen im Bereich zwischen M4 und M10 /9/. Damit ergibt sich neben der Kopfform und dem Durchmesser der Schraube aus der Wahl des Größenbereichs das zu übertragende maximale Drehmoment.

Anzugsmomente für Schrauben hängen hauptsächlich ab von der zu erzeugenden Klemmkraft, dem Reibungsfaktor der Oberflächenpaarung und dem Schraubenwerkstoff (Festigkeit). Dies ist bei der Konzeption eines Werkzeugs im Sinne einer "worst-case"-Betrachtung zu berücksichtigen.

4 Analyse des Fügeprozesses

4.1 Phasenmodell des Fügevorgangs "Schrauben"

Der Fügevorgang "Schrauben" läßt sich bei detaillierter Betrachtung in 4 zeitlich aufeinanderfolgende Fügephasen untergliedern.
Dies sind:

FÜGEPHASE I

- Ansetzen der Schraube (Einpunkt-Kontakt zwischen den Fügeteilen)

FÜGEPHASE II

- Andrehen der ersten Gewindegänge (Mehrpunkt- bis Teilflächenkontakt zwischen den Fügeteilen)

FÜGEPHASE III

- Eindrehen des Gewindes bis zur Kopfauflage (Teilflächenkontakt zwischen den Fügeteilen)

FÜGEPHASE IV

- Festdrehen des Schraubverbundes zur Erzeugung der Klemmkraft (Berührflächenumkehr Gewindeoberflanke/-unterflanke zum Vollflächenkontakt zwischen den Fügeteilen)

Unter Fügeteilen sind hier Schraube und Mutter bzw. Gewindebohrung, unter Schraubverbund alle an der Verbindung beteiligten Bauteile zu verstehen.

<u>Bild 4</u> zeigt die zeitliche Abfolge der einzelnen Schritte und die während der jeweiligen Phase wichtigen Einflußgrößen, die relevanten Prozeßparameter und daraus abgeleitet die Zielfunktionen von Schraubmontagevorrichtungen, die während der einzelnen Phasen zu erfüllen sind.

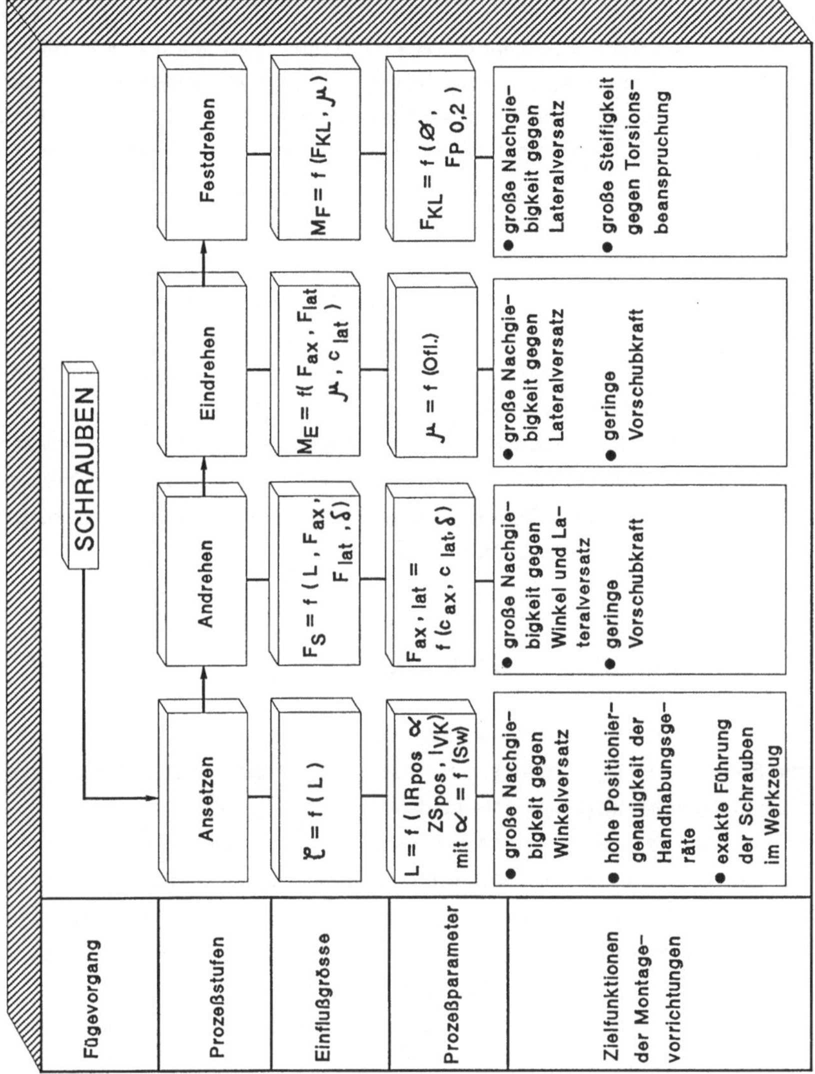

Bild 4 : Phasenmodell des Fügevorgangs "Schrauben"

Ein während des Ansetzens durch Lageabweichungen (L= gegenseitiger Lateralversatz der Fügepartner) zunächst erzeugter Kippwinkel φ zwischen den Achsen der Fügepartner wandelt sich während des Andrehens in einen

Lateralversatz zwischen Schrauberachse und Schraubenachse. Dadurch wird in der räumlichen Richtung δ des Kippwinkels in Abhängigkeit von der Lateralfederrate c_{lat} einer nachgiebigen Werkzeugaufhängung eine laterale Kraft F_{lat} erzeugt. Vom Zeitpunkt des Ansetzens bis zur Beendigung des Eindrehens muß vom Schraubwerkzeug neben dem Eindrehmoment M_E eine definierte axiale Vorschubkraft F_{ax} erzeugt werden, die groß genug ist um den Kontakt zwischen Schraube und Schraubwerkzeug zu garantieren, aber nicht so groß werden darf, daß Beschädigungen an den Fügepartnern auftreten. Schließlich muß während des Festdrehens unter Vorhandensein des Lagefehlers das von der zu erzeugenden Klemmkraft F_{KL} und dem Reibungskoeffizient μ abhängende Anzugsmoment M_F verwindungsfrei übertragen werden.

Vorrichtungen zur automatischen Schraubmontage mit Industrieroboter müssen folglich in der Lage sein, trotz hoher mechanischer Steifigkeit gegenüber Drehmomenten um ihre Längsachse Positionierfehler auszugleichen und der Schraube bei Fügefortschritt in Längsrichtung definiert zu folgen.

4.2   Rechnergestützte Simulation des Fügevorgangs

Für ein erfolgreiches Zustandekommen der Gewindepaarung sind die beiden ersten Phasen des Fügevorgangs, das Ansetzen der Fügepartner und das Andrehen der ersten Gewindegänge, entscheidend.

Bei den bisher bekannt gewordenen analytischen Untersuchungen zum Bolzen-Loch- sowie zum Schraube-Mutter-Problem wurde vorausgesetzt, daß ein zwischen den Fügepartnern bestehender Positionierfehler durch die an den Füge-partnern vorhandenen Fasen unter Einfluß einer Fügekraft zu Beginn des Fügevor-gangs selbsttätig kompensiert wird /106-112/.

Dies beinhaltet die Annahme, daß zur Beurteilung der Durchführbarkeit eines Schraubvorgangs die Betrachtung des zwischen den Gewindeflanken entstan-denen axialen Winkelfehlers ausreicht. Auf diesem Ansatz aufbauend wurde ver-einfachend die Existenz der Fasen der Fügepartner ignoriert und das Problem auf eine zweidimensionale Betrachtung reduziert.

Diese Vorgehensweise mag zu einer groben Beurteilung von Schraubvorgängen, bei denen keine nachgiebige Werkzeugaufhängung verwendet wird, genügen. Der Einfluß der durch nachgiebige passive Elemente erst ermöglichten Relativbewegung der Fügepartner während der selbsttätigen Positionierfehler-

Kompensation wird dadurch jedoch vollständig vernachlässigt.

Um diesen Fehler zu vermeiden wurden dreidimensionale Rechnermodelle von Schrauben und den zugehörigen Gewindebohrungen erstellt. Das Ergebnis der Modelluntersuchungen ergab, daß aus geometrischen Gründen die Notwendigkeit zur Berücksichtigung der Anfasungen besteht.

In dem Bereich der Fasen nämlich existieren Flankenteile, deren Steigungen von der Nennsteigung des jeweiligen Gewindes abweichen und somit die Lage der Kollisionskanten der Fügepartner entsprechend verschieben (<u>Bild 5</u>). Dies gilt für Innen-, als auch für Außengewinde.

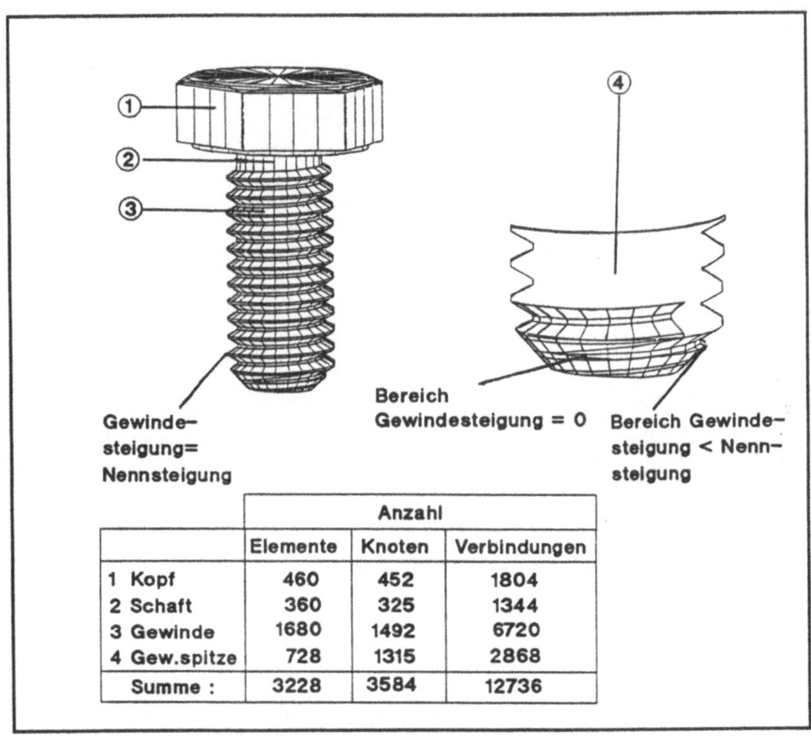

	Anzahl		
	Elemente	Knoten	Verbindungen
1 Kopf	460	452	1804
2 Schaft	360	325	1344
3 Gewinde	1680	1492	6720
4 Gew.spitze	728	1315	2868
Summe :	3228	3584	12736

<u>Bild 5</u> : Unterschiedliche Gewindesteigungen im Bereich der Stirnflächenfase

Zur realitätsnahen Analyse des Fügevorgangs ist daher eine dreidimensionale Betrachtungsweise unter Einbeziehung der Fasen beider Fügepartner notwendig.

Zur Bewegungssimulation des Fügevorgangs wurde das Programm GEWINDE erstellt. Dieses Programm ermöglicht die Nachbildung beliebiger Fügefälle, d.h. die Fügepartner können nach Drehlage, Winkel oder Versatz beliebige Relativlagen zueinander einnehmen. Der Programmablauf ist nachfolgend beschrieben.

Bei der Berechnung des Andrehvorgangs wird durch das Programm GEWINDE zunächst die Lage der Erstkontakt-Punkte ermittelt. Zur Berechnung der dadurch hervorgerufenen Wechselwirkungen an den kompliziert geformten Kontaktflächen der Gewindeflanken ist die Kenntnis des Normalenvektors im Schwerpunkt der jeweiligen Berührfläche notwendig (Bild 6).

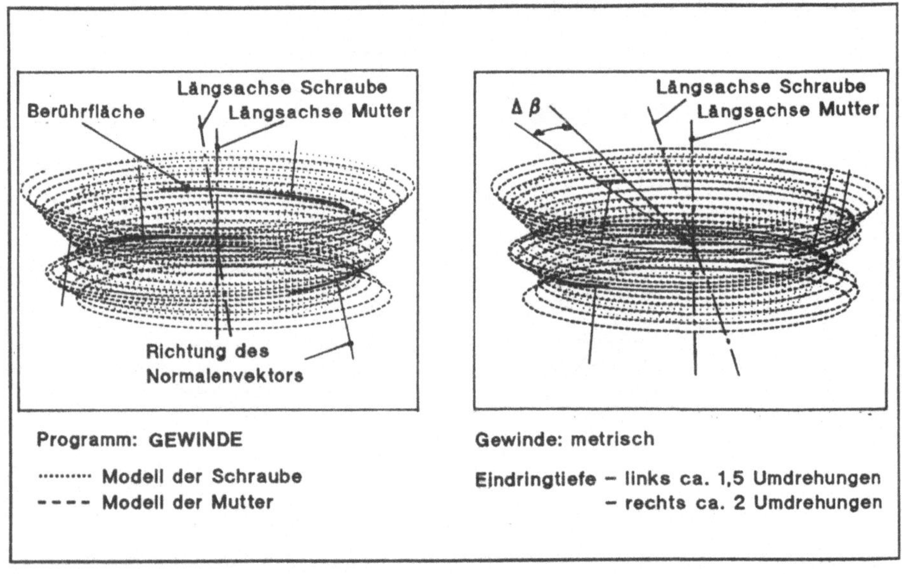

Bild 6 : Berechnung der Berührflächen und deren Normalenvektoren beim Fügeprozeß

Die Berührflächen der beiden Körper ergeben sich nach Form und Anzahl aus Form und Raumlage der Fügepartner. Diese Berührflächen besitzen in der Simulation unterschiedliche Abmessungen, da bei ihrer Berechnung endlich kleine Durchdringungen der Fügepartner angenommen wurden. Dies entspricht den elastischen Deformationen bei einem realen Fügefall.

GEWINDE berechnet die Flächen dieser Durchdringungen und die Lage ihres Schwerpunkts. Da auch die Orientierung der Flächen berechenbar ist, kann die Richtung des Normalenvektors auf dem Schwerpunkt ermittelt werden. Dies ist notwendig, um die Richtung der Einwirkung von Fügekräften auf die Berührflächen zu erhalten.

Zur Bestimmung dieser Normalenvektoren werden die gekrümmten Gewindegeometrien aus dem ursprünglichen Koordinatensystem zunächst in einen ebenen Bildraum transformiert. Die Abbildung der Fügepartner in diesem Bildraum liefert eine Geometrie ähnlich zweier schrägverzahnter Zahnstangen, die Berechnung der Normalenvektoren wird in diesem ebenen Raum analytisch einfacher.

Sind die Vektoren ermittelt, so werden sie mittels einer Umkehrfunktion schließlich in den Ausgangsraum rücktransformiert. Der Algorithmus der geometrischen Transformationen ist in /113/ näher beschrieben.

Das Ergebnis eines solchen Rechenlaufs zeigt <u>Bild 7</u>. Dargestellt sind jeweils die Anfangsabschnitte eines Schraubenschaftes und einer Gewindebohrung zu Beginn des Schraubvorgangs. Der dargestellte Bewegungsvektor des Schraubenkopfes geht dabei vom gedachten geometrischen Mittelpunkt des Schraubenkopfes aus.

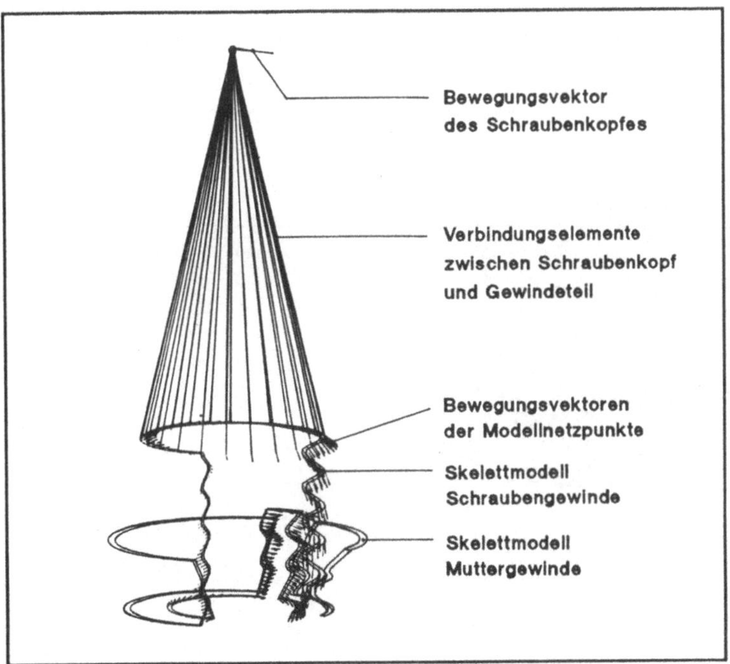

<u>Bild 7</u> : Darstellung der Aufrichtbewegung der Schraube während des Eindrehens mit Hilfe des Programms GEWINDE

Werden mit den Ergebnissen dieser Geometrieberechnung anschließend Finite-Elemente-Rechnungen durchgeführt (verwendet wurde das Programmpaket ASKA), so sind auch Aussagen über Wechselwirkungen der Kräfte möglich.

Damit kann die durch die Rotationsbewegung der Schraube erzeugte Änderung der nachfolgenden Werte für jeden Punkt des Netzes bestimmt werden.
Dies sind:

1. Größe und Richtung der Aufrichtbewegung einer Schraube beim Andrehvorgang (Bild 7)
2. Größe und Richtung der Kräfte und Momente im Schraubwerkzeug und
3. Spannungen in den Gewindeflanken (<u>Bild 8</u>)

wobei Punkt 2 und Punkt 3 als Funktion der Nachgiebigkeit einer Werkzeugaufhängung zu sehen sind (im Programmpaket ASKA wird zur Berechnung der Vergleichsspannung die Gestaltänderungsenergie-Hypothese verwendet).
Durch diese Untersuchung ist es möglich,

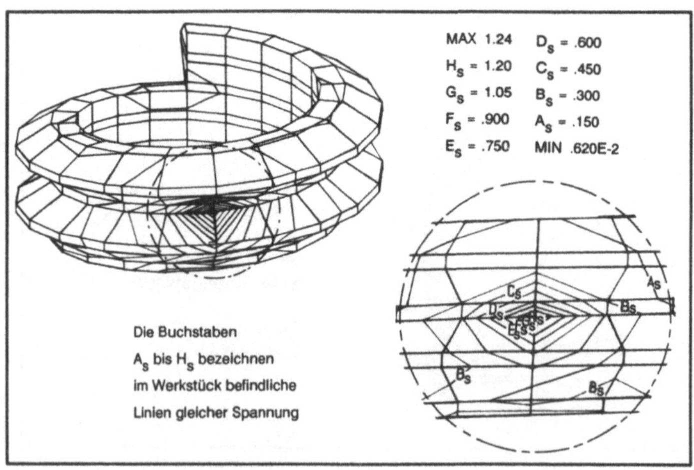

<u>Bild 8</u> : Durch Fügekraft an einer Kontaktfläche erzeugte Spannungsverteilung

- Anforderungsprofile an die Art der Werkzeugaufhängung (d.h. Compliance-Elemente u. ähnl.) zu definieren, so daß selbst bei größtmöglicher Fehlstellung von Schraube und Mutter die absolut auftretenden Ausgleichsbewegungen durch die Werkzeugführung aufgenommen werden können,

- Grenzwerte für die Steifigkeit solcher Führungen zu berechnen, unterhalb denen eine plastische Deformation und damit eine Vorschädigung des Gewindes vermieden wird. Eine derartige Berechnung ist beispielhaft in Bild 9 dargestellt. Hieraus können Anhaltswerte über Größe und Art von Deformationen gewonnen werden; im Beispielfall würde ein Einklemmen des Gegengewindes auftreten,

- fügeprozeßbezogene Eckdaten zur Montageanlagenplanung zu generieren, um unter Beibehaltung der Funktionssicherheit kostenoptimale Lösungen zu erhalten (z.B. Verwendung eines Roboters mit nur geringer Positioniergenauigkeit).

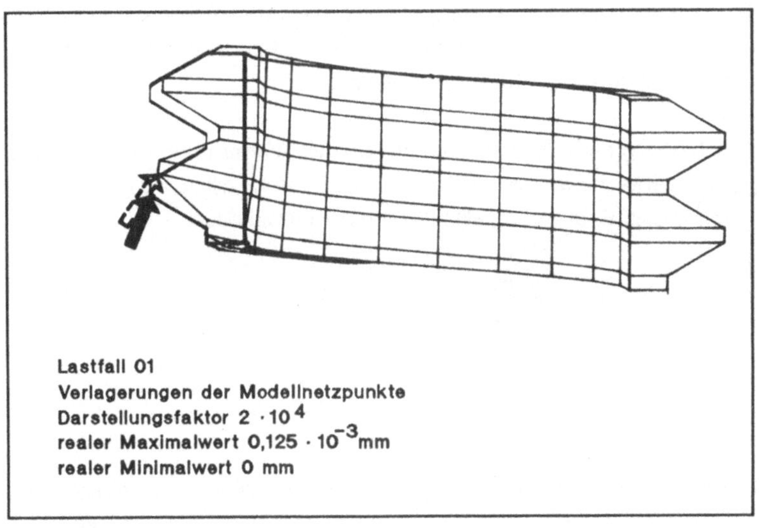

Bild 9 : Durch Fügekraft an einer Kontaktfläche erzeugte Deformation

4.3 Analytische Berechnung der Wechselwirkungen zwischen den Berührflächen der Fügepartner

Wie die rechnergestützte Simulation des Fügevorgangs gezeigt hat, sind die Berührflächen zwischen den Fügepartnern während der ersten beiden Phasen des Fügevorgangs (Ansetzen und Andrehen) in Relation zur Gesamtflankenfläche klein, der Flächenanteil aller Momentan-Berührflächen liegt rechnerisch zwischen 1% und 5%.

Ähnliche Berührflächenverhältnisse treten auch bei anderen Fügeverfahren auf, jedoch mit weit geringeren Kräften (z.B. Einlegen), oder weit geringeren Relativgeschwindigkeiten der Fügeteiloberflächen (z.B. Einpressen), nie jedoch mit hohen Kräften, hohen Relativgeschwindigkeiten und gleichzeitig hoher Einwirkdauer wie beim Schraubvorgang.

Aus diesem Grund ist die Analyse geometrischer und kinematischer Einflußparameter beim Fügevorgang "Schrauben" nicht ausreichend. Thermische Einflußparameter müssen ebenfalls berücksichtigt werden.

Eine Abschätzung der Fügeparametergrenzen zur Vermeidung thermischer Schäden gelingt näherungsweise analytisch. Nach /114/ gilt für die Temperaturerhöhung bei lokaler Begrenzung als Funktion der Einwirkdauer

$$\vartheta(t) = \frac{2\,q_W \cdot \sqrt{t}}{\sqrt{\pi} \cdot b} \tag{1}$$

mit
$$b = \sqrt{\lambda \cdot \rho \cdot c_p} \tag{1a}$$

Da es bei λ, ρ und c_p um Stoffkonstanten handelt, ist zur Berechnung der Temperaturerhöhung die Wärmestromdichte q_W und die Einwirkzeit t zu bestimmen.

Die Wärmestromdichte im vorliegenden Fall ergibt sich aus dem an den Kontaktflächen der Fügeteile erzeugten Wärmestrom und der Größe dieser Kontaktflächen.

Das heißt:
$$q_W = \frac{R_L}{A} \qquad (2)$$

Da bei Durchführung eines Schraubvorganges die Rotationsbewegung einer Antriebseinheit vor Beginn des Fügevorgangs in Gang gesetzt wird und moderne Antriebsspindeln eine Drehzahlregelung besitzen, wird bei den nachfolgenden Betrachtungen von einer konstanten Eindrehdrehzahl ausgegangen. Daraus folgt, daß Anteile des Antriebsmoments, die zur Beschleunigung der Rotationsbewegung benötigt werden, während des betrachteten Eindrehvorgangs vernachlässigbar sind.

Ebenso vernachlässigt werden Anteile des Antriebsmoments, die zur Erzeugung der Bewegung der Schraube in Fügelängsrichtung benötigt werden, da diese Bewegung im Anwendungsfall durch eine geeignete federnde Aufhängung des Fügewerkzeugs und/oder durch eine Nachführbewegung des Handhabungsgerätes erzeugt wird.

Daraus folgt, daß der Wärmestrom R_L nur von dem zur Überwindung der Reibkräfte notwendigen Drehmoment M_R und der Drehzahl n abhängt:

$$R_L = M_R \cdot \omega \qquad (3)$$

$$R_L = M_R \cdot n \cdot 2\pi \qquad (3a)$$

Das Reibmoment M_R wird erzeugt durch die Tangentialkomponente der theoretischen Fügekraft auf der Berührfläche. Für diese Tangentialkomponente wird vereinfachend ein mittlerer Flankenradius r_m definiert (<u>Bild 10</u>). Mit

$$r_m = \frac{r_{GS} + r_{GG}}{2} \qquad (4)$$

und
$$M_R = F_{tan} \cdot r_m \qquad (5)$$

folgt
$$M_R = F_{tan} \cdot \left(\frac{r_{GS} + r_{GG}}{2} \right) \qquad (5a)$$

und
$$R_L = F_{tan} \cdot \left(\frac{r_{GS} + r_{GG}}{2} \right) \cdot n \cdot 2\pi \qquad (6)$$

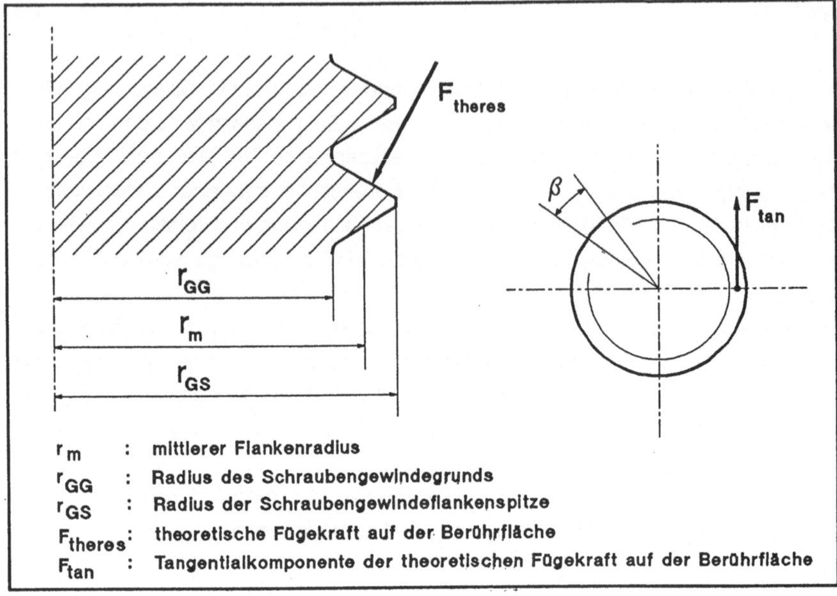

<u>Bild 10</u>: Hilfsgrößen zur Bestimmung der Kräfteverteilung an den Gewinde-
kontaktflächen bei Einleitung von Fügekräften

Da bei Gewindepaarungen beide Fügepartner von der Sollgeometrie abweichen
und sich durch die Rotationsbewegung ständig Veränderungen der Relativpo-
sitionen der Fügepartner gegeneinander ergeben ist die diskrete Berechnung der
Größe einer ganz bestimmten Kontaktfläche nicht sinnvoll. Exemplarisch wird eine
Kontaktfläche mit der Länge eines Zehntel-Umfangs und der Breite einer Zehntel-
Gewindeflanke (x = 0,1) betrachtet. Man erhält:

$$A = \frac{\pi}{10} \cdot (r_{GS}^2 - r_{GG}^2) \cdot x \tag{7}$$

Da die Größe der an den Kontaktflächen erzeugten Kraft F_{tan} auch eine Funktion
des Reibungskoeffizienten der Fügeteile ist (Coulomb'sches Reibungsgesetz),
folgt:

$$F_{tan} = F_{theres} \cdot \mu \tag{8}$$

Der Reibungskoeffizient ist hierbei ein empirischer Wert, der überwiegend vom Oberflächen- und Schmierungszustand der Fügepartner abhängt.

Damit läßt sich die Wärmestromdichte errechnen:

$$q_W = \frac{2\pi \cdot F_{tan} \cdot \left(\dfrac{r_{GS} + r_{GG}}{2} \right) \cdot n}{\dfrac{\pi}{10} \cdot (r_{GS}^2 - r_{GG}^2) \cdot x} \qquad (9)$$

und die Temperaturerhöhung

$$\vartheta(t) = \frac{\dfrac{4\pi \cdot F_{tan} \cdot \left(\dfrac{r_{GS} + r_{GG}}{2} \right) \cdot n}{\dfrac{\pi}{10} \cdot (r_{GS}^2 - r_{GG}^2) \cdot x} \cdot \sqrt{t}}{\sqrt{\pi \cdot \lambda \cdot \rho \cdot c_p}} \qquad (10)$$

Bei gegebenem Schraubfall sind Stoffkonstanten und Abmessungen konstant. Der Ausdruck läßt sich daher vereinfachen zu

$$\vartheta(t) = K_1 \cdot F_{tan} \cdot n \cdot \sqrt{t} \qquad (10a)$$

mit (8)

$$\vartheta(t) = K_1 \cdot F_{theres} \cdot \mu \cdot n \cdot \sqrt{t} \qquad (11)$$

Die Größe von F_{theres} hängt ab von der erzeugten Rückstellkraft des Roboters und der Geometrie der Fügepartner. Die Einleitung der Rückstellkraft geschieht immer am Schraubenkopf, Wirkorte sind die Gewindeflanken an der Schraubenspitze.

Unter Berücksichtigung der dargestellten Geometrie ergibt sich, daß im ungünstigsten Fall die Axialkraft nur von einer Kontaktfläche übertragen wird, da die Schraubenflanke im Bereich von A_2 (Bild 11) "abhebt", sobald

$$F_{rück} \cdot \frac{l_{VK}}{r} \geq F_2 \quad \text{ist}$$

Wie Bild 11 zeigt, ist also das Verhältnis Schraubenlänge : Schraubendurchmesser neben der Größe der Rückstellkraft bestimmend für F_{theres}.

Es gilt:

	Σ Kräfte in y_1-Richtung	$-F_{rück} + F_1 = 0$	(12)
	Σ Kräfte in y_2-Richtung	$-F_{ax} + F_2 = 0$	(13)
	Σ Momente um Punkt M	$F_{rück} \cdot l_{VK} - F_2 \cdot r = 0$	(14)

Daraus folgt

$$F_2 = F_{rück} \cdot \frac{l_{VK}}{r} = F_{ax} \tag{15}$$

$$F_1 = F_{rück} \tag{16}$$

und mit

$$F_{theres} = \sqrt{F_1^2 + F_2^2} \tag{17}$$

folgt

$$F_{theres} = F_{rück} \cdot \sqrt{1 + \frac{l_{VK}^2}{r^2}} \tag{18}$$

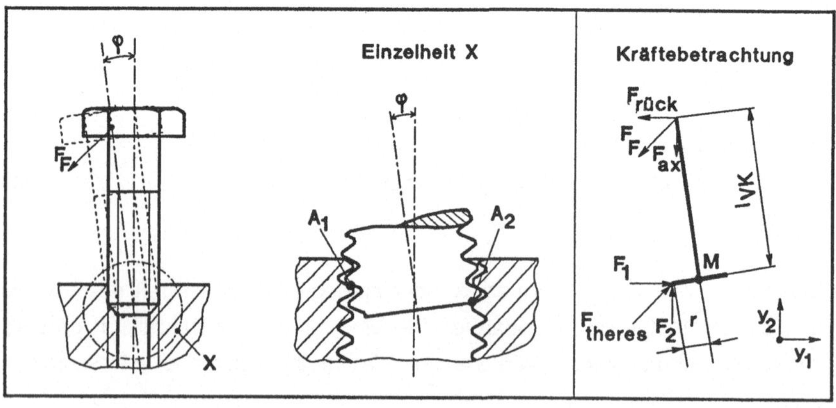

Bild 11 : Kräfteverteilung an den Gewindekontaktflächen bei Einleitung von Fügekräften

Mit (11) gilt somit

$$\vartheta(t) = K_1 \cdot F_{rück} \cdot \sqrt{1 + \frac{l_{VK}^2}{r^2}} \cdot \mu \cdot n \cdot \sqrt{t} \qquad (19)$$

Bei der Ermittlung der lokalen Temperaturerhöhung sind weitere Gesichtspunkte zu beachten. Bei einem Schraubvorgang führt eines der Fügeteile eine Rotationsbewegung durch. Im Allgemeinen ist dies die Schraube.

Daraus folgt, daß es sich bei der Schraube um das thermisch weniger belastete der beiden Fügeteile handelt, da der räumlich feststehende Bereich einer Mutterkontaktfläche von einem bestimmten Bereich des Schraubengewindes in relativ kurzer Zeit durchlaufen wird und nach Verlassen der Kontaktfläche wieder eine Abkühlung erfolgen kann.

Dies ist bei der Gewindebohrung nur mit Einschränkung der Fall. Zwar wandern im Verlauf des Eindrehvorgangs die Kontaktflächen auf den Gewindebohrungsflanken, in Abhängigkeit von der räumlichen Richtung des Kippwinkels zwischen den Fügepartnern treten an der Gewindebohrung jedoch Bereiche auf, die während relativ langer Zeit mit der Schraube in Berührung bleiben (Fläche A1 in Bild 10) und somit auch stärker erwärmt werden.

Bevor durch den Fügefortschritt zusätzliche Gewindeflanken tiefer in die Bohrung eingedrungen sind und eine Stützfunktion übernehmen können, werden die resultierenden Kräfte hauptsächlich an der ersten tragenden Flanke der Bohrung in Kipprichtung erzeugt.

Schließlich ist zu berücksichtigen, daß die an der Kontaktfläche erzeugte Wärme in beide Fügepartner eingetragen wird. Da die Aufteilung dieser Wärmemenge auf die Fügepartner vom sog. Kontaktwiderstand für Wärmetransport R_W abhängt, der seinerseits wieder eine Funktion der Parameter Größe der Auflagefläche, Oberflächenrauhigkeit, Oberflächenmaterial, Schmierungszustand, evtl. vorhandene Fremdkörper (Art und Größe) und Anpreßdruck ist, kann hier für eine allgemeingültige Abschätzung nur eine gleichmäßige Aufteilung der Wärmemenge auf beide Fügepartner angenommen werden.

Daraus folgt
$$\vartheta(t_{A1}) = \frac{1}{2} K_1 \cdot F_{r\ddot{u}ck} \cdot \sqrt{1 + \frac{l_{VK}^2}{r^2}} \cdot \mu \cdot n \cdot \sqrt{t} \tag{20}$$

$$\vartheta(t_{A1}) = \frac{1}{2} K_1 \cdot F_{wirk} \cdot \mu \cdot n \cdot \sqrt{t} \tag{20a}$$

Eine Beispielrechnung für eine Schraube M6 X 30, mit

$$F_{r\ddot{u}ck} = 20\,N, \quad t = \frac{1}{40}\,s, \quad n = 10\,s^{-1} \quad und \quad \mu = 0{,}1$$

liefert $\vartheta = 372\,K$

Eine graphische Darstellung dieser Funktion zeigt Bild 12. Man sieht, daß zu einer signifikanten Steigerung der Fügegeschwindigkeit die Reduzierung der wirksamen Kräfte notwendig ist. Das heißt, daß bei der Schraubmontage mit Industrierobotern eine Reduktion der Taktzeiten nur bei Verwendung von Compliance-Elementen möglich ist.

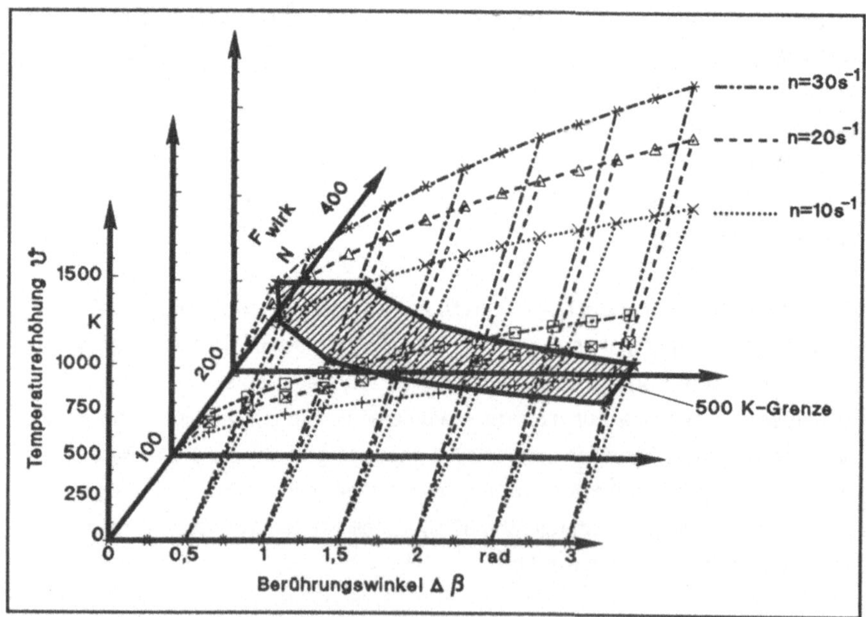

Bild 12 : Thermische Belastung der Gewindekontaktflächen beim Eindrehvorgang mit unterschiedlichen Geschwindigkeiten

4.4 Analytische Berechnung der Wechselwirkung zwischen Schraubenkopf und Schraubwerkzeug

Wegen des Vorhandenseins von Toleranzen an Schraubenkopf /115/ und Schraubwerkzeug /116/ existiert zwischen Werkstück und Werkzeug je nach Toleranzlage ein Kopfspiel. Da sich mit Industrierobotern als Handhabungseinheiten von Schraubwerkzeugen auch raumschräge Fügevorgänge in unterschiedlichen Raumrichtungen durchführen lassen, tritt verstärkt die Problematik des Verkippens der Schraube im Schraubwerkzeug auf /94/.

Dabei sind die Abstände der Kollisionskanten des Kopfes im Schraubwerkzeug geometriebedingt von der Raumlage der gegenseitigen Kipprichtung abhängig. Zur Berechnung des maximalen Positionierfehlers ist die Richtung des größtmöglichen Kippwinkels zu ermitteln. Bei den dazu angestellten theoretischen Betrachtungen zeigte sich, daß die Kollisionspunkte nicht etwa von den gegenüberliegenden Aussenkanten des Schraubenkopfeckmaßes gebildet werden, sondern diagonal auf einer stirnseitigen Schlüsselfläche liegen (Bild 13) bzw. je nach Winkellage auf dem "Fasenbogen" des Kopfes in Richtung Eckmaß wandern.

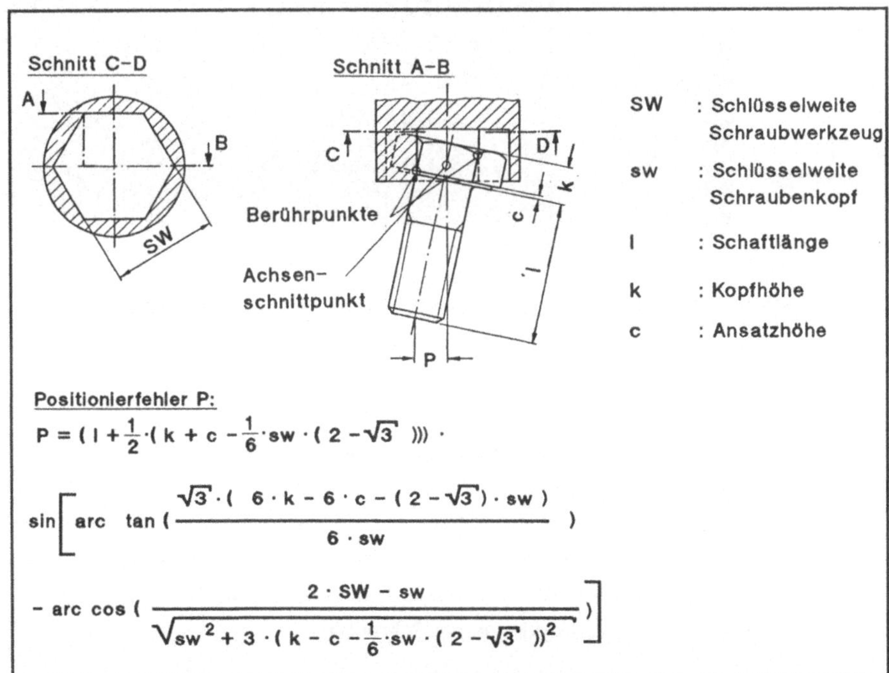

Positionierfehler P:

$$P = \left(l + \frac{1}{2} \cdot \left(k + c - \frac{1}{6} \cdot sw \cdot (2 - \sqrt{3}) \right) \right) \cdot$$

$$\sin\left[\arctan\left(\frac{\sqrt{3} \cdot (6 \cdot k - 6 \cdot c - (2 - \sqrt{3}) \cdot sw)}{6 \cdot sw} \right) \right.$$

$$\left. - \arccos\left(\frac{2 \cdot SW - sw}{\sqrt{sw^2 + 3 \cdot (k - c - \frac{1}{6} \cdot sw \cdot (2 - \sqrt{3}))^2}} \right) \right]$$

Bild 13 : Positionierfehler durch Zufallslagen der Schraube im Schraubwerkzeug

Dieses Ergebnis wurde durch Modellversuche   (Anfertigung eines Modells im Maßstab 20:1) sowie eine rechnergestützte Simulation bestätigt (Bild 14). Dieser durch ein Verkippen der Schraube im Werkzeug hervorgerufene Positionierfehleranteil überwiegt mit zunehmender Länge der Schraube immer weiter und erreicht Größenordnungen von mehr als einem Schaftdurchmesser. Bei einer Schraube M6 zum Beispiel beträgt der maximale Kippwinkel bei einem Kopfspiel von 0,5 mm ca. 12 Grad (Bild 15). Bei einer Länge von 50 mm ergibt dies bereits einen Lagefehler von 10,4 mm.

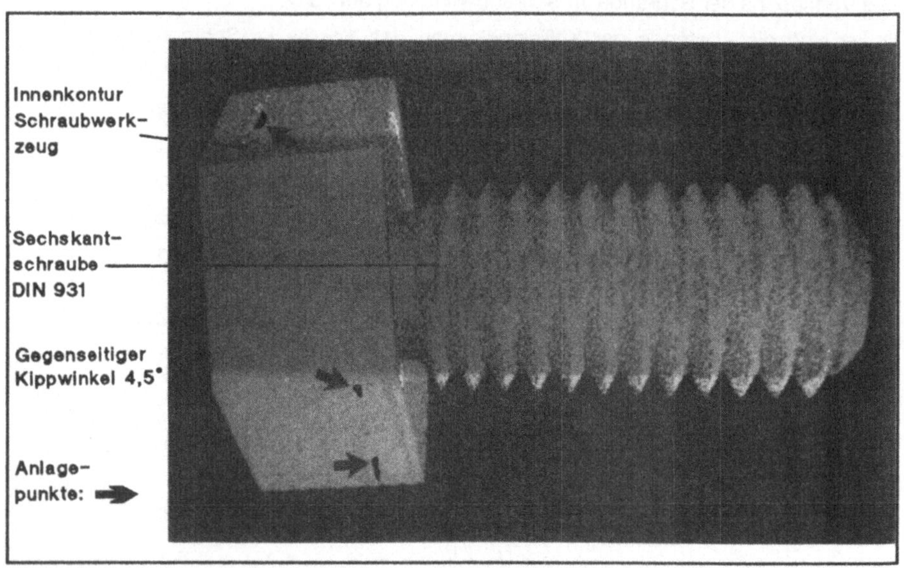

Bild 14 : Rechnersimulation der Verkippung einer Schraube im Schraubwerkzeug

Hieraus leitet sich für ein robotergerechtes Schraubwerkzeug die Forderung nach axialgerader Führung der Schraube unabhängig von der jeweiligen Raumlage ab.

Aus der Forderung nach Verarbeitung von Außensechskantschrauben der Größe M4 bis M10 (Kap.3) ergibt sich ein zu übertragendes maximales Drehmoment von 60 Nm /117/ bei gleichzeitiger Variation der Schlüsselweite zwischen SW7 und SW17 und Vermeidung von Verkippungen der Schraube.

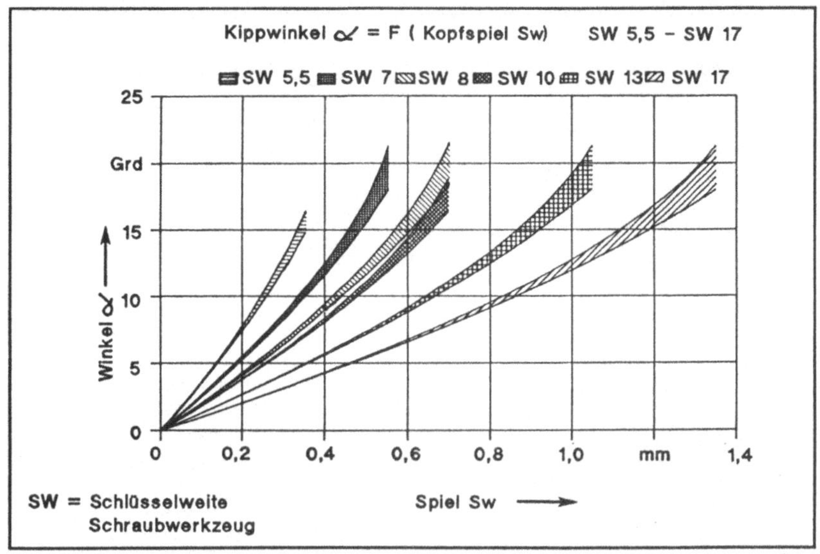

Bild 15 : Durch Kopfspiel erzeugte Bereiche des maximalen Kippwinkels
zwischen Schraube und Schraubwerkzeug

Dies ist durch einfachen Nußwechsel nicht möglich, da das axialgerade Führen der Schraube Spielfreiheit zwischen Schraubenkopf und Schraubwerkzeug bedingt. Angefederte Schraubnüsse z.B. führen zwar spielfrei, stellen jedoch keine zentrische Führung der Schraube sicher. Ein Schraubwerkzeug, welches die gestellten Anforderungen erfüllt, benötigt daher bewegliche Greifbacken. Diese Greifbacken müssen in der Lage sein, die bei den zu übertragenden Drehmomenten erzeugten Reaktionskräfte am Schraubenkopf abzustützen. Diese Kräfte lassen sich aufspalten in eine tangentiale und eine radiale Komponente (Bild 16). Die bei vollem Drehmoment auftretenden Kräfte liegen in der Größenordnung 3...4 kN.

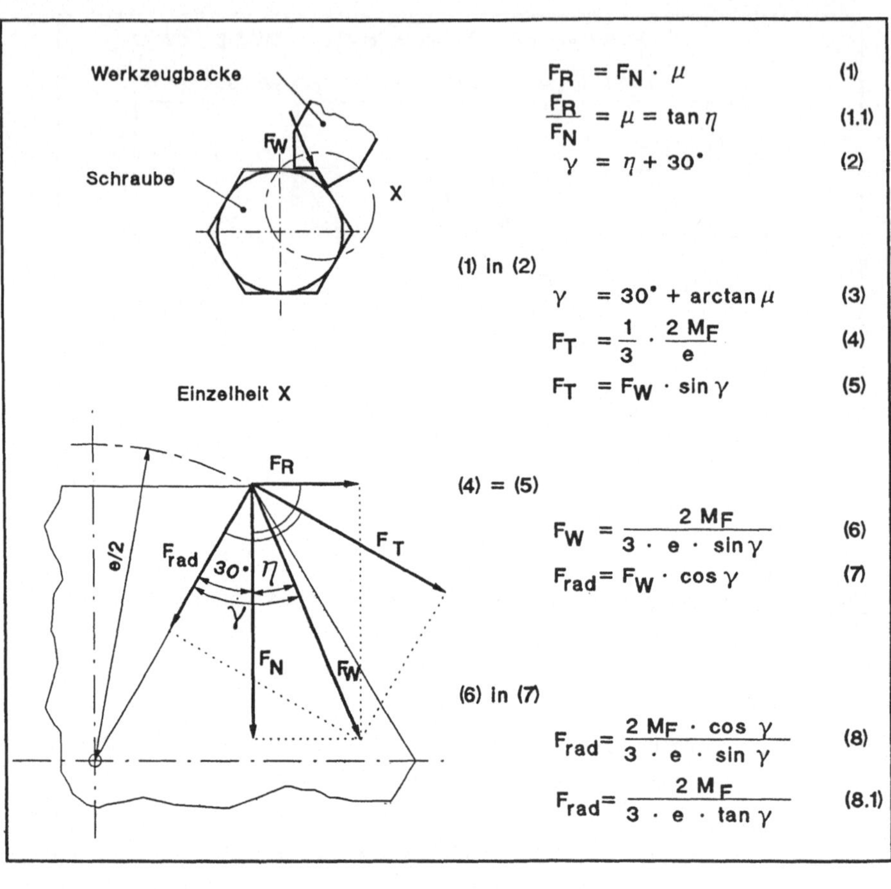

<u>Bild 16</u> : Durch Einleitung des Drehmoments beim Festdrehvorgang am Schraubwerkzeug erzeugte Reaktionskräfte

5   <u>Anforderungen an Schraubsysteme</u>

5.1   <u>System zum Ausgleich von Positionierfehlern</u>

Allgemein betrachtet ist die Frage der Positioniergenauigkeit bei der flexiblen
Montageautomatisierung mit Industrierobotern als Querschnittsproblem zu betrachten. Dies gilt insbesondere für den Fügevorgang "Schrauben", da dieser nicht
nur einer der häufigsten, sondern auch einer der komplexesten Montageprozesse
ist.
Lageabweichungen zwischen den Fügeteilen treten hier insbesondere auf durch :

-       Positionierfehler durch eingeschränkte Positioniergenauigkeit der Industrie-
        roboter /105/,

-       Zufallslagen der Schrauben im Schraubwerkzeug (Verkippen durch
        Kopfspiel),

-       Lagetoleranzen des Gewindelochs im Werkstück (fertigungsbedingt),

-       Toleranzen der Werkstückspannvorrichtung usw. (vorrichtungsbedingt,
        <u>Bild 17</u>).

Über diese Positionierproblematik hinaus treten im Vergleich zu "konventionellen"
Fügevorgängen eine Reihe zusätzlicher Anforderungen an ein Fügewerkzeug auf.

5.1.1   <u>Prozeßbedingte Anforderungen</u>

-       meist muß die Schraube vor dem Erreichen des Gegengewindes durch
        Bohrungen geführt werden. Diese haben fertigungsbedingt Lateral- und/oder
        Winkellagefehler gegenüber der Gewindebohrung und sind je nach Baugruppe
        gegenüber der Gewindebohrung verschiebbar (z.B. Gehäuseober- und -unter-
        teil). Das heißt, ein Fügewerkzeug darf während des Durchführens der
        Schraube durch eine Durchgangsbohrung nur geringe Reaktionskräfte bei
        Lageänderungen erzeugen, nach   Andrehen der Schraube im Gewinde muß
        es jedoch in der Lage sein, der Aufrichtbewegung der Schraube zu folgen und
        so Gewinde und Durchgangsbohrung zur Deckung zu bringen,

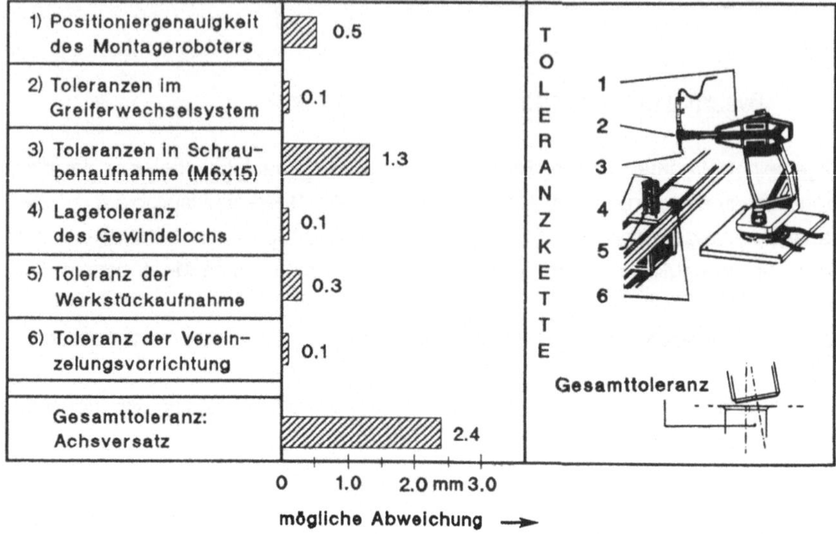

Bild 17 : Einflußparameter auf die Positioniergenauigkeit beim Schrauben mit Industrieroboter

- die Fügeflächen der Fügepartner sind unsymmetrisch, d.h. ein Fügewerkzeug muß neben der Nachgiebigkeit in Fügerichtung auch unterschiedlich große Kippwinkel in jeder Raumrichtung kompensieren können,

- die vorhandenen Fügespiele in Relation zur Absolutabmessung der Fügeteile liegen zwischen ca. 1:10 und ca. 1:100, alle Abmessungen der Fügepartner sind Toleranzmaße (d.h. Schrauben fügen heißt Passungen fügen),

- neben Erzeugung einer axialen Vorschubkraft muß eine Rotationsbewegung übertragen werden können,

- zeitparallel zur Rotation muß eine drehzahlproportionale Translationsbewegung möglich sein.

Daraus folgt, daß ein Fügewerkzeug bei einer hohen, überlagerten Fügegeschwindigkeit Lagefehlern möglichst trägheitsarm folgen muß, um aus Beschleunigungskräften resultierende Reaktionskräfte an den Fügeteilen zu vermeiden.

<u>Anforderungen während Fügephase I und II</u>

- Schwankungen der Translationsgeschwindigkeit, die aus der kurzzeitigen
  Unterbrechung der Translation zwischen Ansetz- und Andrehphase, der Beschleunigung der Translation während der Andrehphase bis zum Erreichen
  des Bereichs der Gewinde-Nennsteigung, fertigungsbedingten Schwankungen
  der Nennsteigung der Schraube und Drehzahlschwankungen des Schraubwerkzeugs resultieren, müssen kompensierbar sein.

<u>Anforderungen während Fügephase III</u>

- Schwankungen der Translationsgeschwindigkeit durch Steigungsfehler beider
  Fügepartner sowie vermehrte Drehzahlschwankungen durch steigenden Rei-
  bungseinfluß müssen kompensierbar sein.

<u>Anforderungen während Fügephase IV</u>

- nach Erreichen der Kopfauflage muß das Festdrehmoment übertragen werden
  können, dabei muß jedoch eine drehdeformationsfreie Einleitung des Drehmoments in die Fügeteile gewährleistet bleiben, da sonst Drehmoment bzw.
  Festdrehwinkel nicht mehr eindeutig sensierbar sind.

Daraus folgt, daß ein robotergerechtes Schraubwerkzeug in der Lage sein muß, die
durch Positionierfehler entstandenen Lageabweichungen und Kippwinkel zu kom-
pensieren ohne dabei zu große Rückstellkräfte zu erzeugen, Schwankungen der
Translationsgeschwindigkeit in Fügerichtung zu folgen, die Übertragung der
Festdrehmomente verwindungssteif zu ermöglichen sowie nach Abschluß des
Schraubvorgangs ein verkantungsfreies Abziehen des Schraubwerkzeugs vom
Schraubenkopf zu ermöglichen.

5.2 <u>System zur Verminderung der axialen Fügekraft</u>

Neben der Positionierproblematik ist die Göße der axialen Fügekraft ein weiterer,
prozeßrelevanter Parameter zur erfolgreichen Durchführung eines Schraubvorgangs.

5.2.1 Prozeßbedingte Anforderungen

Während bei konventionellen Schraubstationen die Raumrichtung des Fügevorgangs nicht geändert wird, ist dies bei flexiblen Anlagen mit Industrierobotern abhängig vom jeweiligen Werkstück durchaus möglich (Armaturen, Kfz-Aggregate). Auch bei ordnungsgemäßer Positionierung und Führung des Schraubwerkzeugs muß der Schraubvorgang unter Erzeugung einer Mindestvorschubkraft durchgeführt werden, da sonst ein Andrehen in der Gewindebohrung nicht gewährleistet ist bzw. der Kontakt zwischen Werkzeug und Schraubenkopf verlorengehen kann. Eine Vorrichtung zum Zustellen der Schraubspindel in Achsrichtung muß daher in der Lage sein, die Spindel gegen ihr Eigengewicht zu bewegen, so daß ein siche-res Zustellen in jeder Raumlage gewährleistet bleibt.

Anforderungen während Fügephase I

Versuchsreihen haben gezeigt, daß in Abhängigkeit vom jeweiligen Schraubfall ein Schwellwert der Axialkraft existiert, unterhalb dessen ein Verkanten der Gewinde beim Andrehvorgang ausgeschlossen werden kann/118/. Dieser Schwellwert ist abhängig von dem jeweils durchzuführenden Schraubfall. Daher muß die Fügekraft bei einer Zustellvorrichtung zur flexiblen Automatisierung programmierbar änderbar sein.

Anforderungen während Fügephase II

Während des weiteren Prozeßverlaufs (Eindrehen des Gewindes) wird die gesamte Abtriebsleistung des Schrauberantriebs durch die gegenseitige Reibung der Gewindeflanken in Wärme umgesetzt.

Wie sich aus der Prozeßanalyse ergeben hat, sind die ermittelten Auflageflächen während des Einschraubvorgangs bezogen auf die Flankengesamtfläche der Fügepartner relativ klein. Tatsächlich dürften beim realen Schraubfall bei Abweichungen von der Sollgeometrie und anderen Störgrößen wie Spaneinschlüssen etc. (Bild 18) noch bedeutend kleinere Kontaktflächen auftreten. Dies führt zu einer hohen Flächenpressung und somit zu einer hohen lokalen Reibungswärmekonzentration.

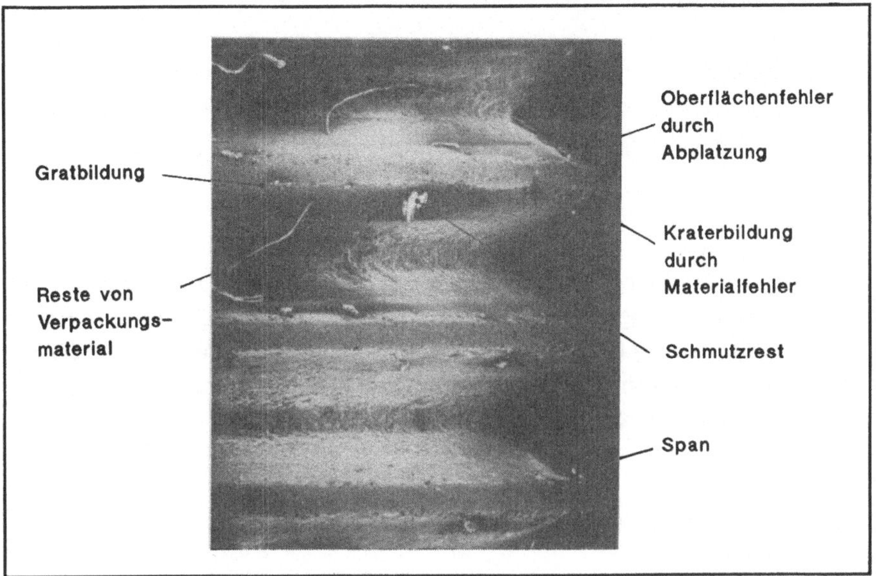

Bild 18 : Ursachen für Abweichungen von der Sollgeometrie an einem Schraubengewinde (REM-Aufnahme)

Die Folge ist ein durch die Steigerung der Reibung zwischen den Gewindeflanken während des Eindrehvorgangs vergrößerter Wärmeeintrag und damit die Gefahr des Auftretens von Oberflächenschäden oder gar Mikroverschweißungen.

Die Oberflächenschäden werden begleitet von undefinierten Änderungen des lokalen Wärmebehandlungszustandes der Fügeteile und sind damit auch Ausgangspunkte für Korrosions- und Dauerbruchschäden /117/.

Bei besonders qualitätskritischen Schraubfällen und bei Kombination bestimmter Fügeteil-Werkstoffe (z.B. Edelstahlschrauben) werden die Fügeteile daher mit verschiedenen Oberflächenschichten versehen /119/. Verwendet werden z.B. Metall-Kunststoffgemische (Ni-PTFE) oder auch Keramik. Neben funktionellen Einschränkungen (Temperatureinsatzbereich, Stoßempfindlichkeit) bewirken diese Behandlungsverfahren auch eine Steigerung der Bauteilpreise.
Daher ist es wünschenswert, die Vermeidung von durch den Fügeprozeß hervor-

gerufenen Bauteilschäden nicht durch zusätzliche Maßnahmen am Bauteil sondern durch geeignete Gestaltung des Prozesses selbst zu erreichen.

Da die Höhe des Energieeintrags linear von der Höhe der Fügekraft abhängig ist, können durch Vermeidung von Bahnfehlern und Reduzierung der Fügekräfte während des Eindrehvorgangs solche Temperaturerhöhungen ausgeschlossen werden.

Bei maßhaltigen Gewinden ist theoretisch bei völlig vorschubkraftfreiem Eindrehen eine "fliegende" Verschraubung denkbar, die in diesem Falle bis zum Zeitpunkt der Kopfauflage mit unbegrenzt großer Geschwindigkeit durchgeführt werden kann. Hieraus folgt, daß aus Gründen der Taktzeitminimierung anzustreben ist, Schraubvorgänge mit einer minimalen axialen Vorschubkraft und einer maximalen Eindrehgeschwindigkeit durchzuführen.

Anforderungen während Fügephase III

Nach dem Ansetzen und Andrehen der Fügepartner ist während des Eindrehvorgangs bis zur Kopfauflage eine achsgerade Führung des Schraubwerkzeugs zu gewährleisten. Unter dem Aspekt der Verwendung von Industrierobotern als flexible Montageeinheit gewinnt diese Forderung besondere Bedeutung, da die Bahntreue dieser Geräte Abweichungen im Millimeterbereich erzeugt, die gemeinsam mit den in der Toleranzkettenbetrachtung dargestellten Positionierfehlern (Bild 4) zu einem Verkanten der Schraube im Schraubwerkzeug führen.
Dabei können Roboter ganz erhebliche Rückstellkräfte erzeugen. Diese Kräfte liegen z.B. für das Gerät "Manutec R3" bei bis zu 2000 N /120/, in einer Größenordnung also, die eine Beschädigung der Fügepartner nicht mehr ausschließt.

Anforderungen während Fügephase IV

Für den letzten Teil des Fügeprozesses, das Festdrehen, muß die Fügevorrichtung in der Lage sein, das auftretende Reaktionsmoment verwindungsfrei aufzunehmen, um eine Drehwinkelmessung bei überwachten Schraubvorgängen nicht zu stören, d.h. die Konstruktion der Führungen ist möglichst drehsteif auszulegen.

Schließlich können bei Vorhandensein von Rückstellkräften Schraubenkopf und Werkzeug so stark miteinander verkanten, daß ein Abziehen des Werkzeugs durch den Roboter nicht mehr möglich ist. Je nach Aufbau der Anlage bleibt entweder die Schraubnuß auf der Schraube hängen oder aber die Schleppfehlerüberwachung des Roboters schaltet das Gerät auf NOTAUS.

Dieser Störfall ist bei der Konzeption der Fügevorrichtung ebenfalls zu berücksichtigen, d.h. die beim Abzugsvorgang möglichen, hohen Zugkräfte müssen von dem Werkzeug aufgenommen werden können.

Aus den angeführten Gesichtspunkten läßt sich für die Konzeption einer Fügevorrichtung folgendes Anforderungsprofil ableiten:

- Vermeidung von Verlagerungen der Spindelposition unter Einfluß verschiedener Raumlagen,

- während des Eindrehens Erzeugung einer definierten, programmierbaren, möglichst geringen Vorschubkraft,

- achsgerade Führung der Schraubspindel während des Eindrehvorgangs,

- spielfreie und schnelle Nachführung der Schraubspindel je nach Fügefortschritt. Im optimalen Fall sollte die Vorrichtung dabei in der Lage sein, den Schleppfehler kleiner als das Gewindespiel zu halten, also im 0,1 mm-Bereich,

- deformationsarme Abstützung des beim Festdrehen erzeugten Drehmoments bei möglichst geringem Eigengewicht,

- keine Beschädigung des Werkzeugs bei auftretenden Störfällen.

5.3   System zur Steigerung der Einsatzflexibilität

Die Analyseergebnisse aus Kap. 3 und Kap. 4 können wie folgt zusammengefaßt werden:

der Einsatz von Industrierobotern als flexible Schraubmontagevorrichtung scheitert häufig an der mangelnden Eignung von Peripherieeinheiten. Dies resultiert aus der Tatsache, daß mit robotergestützten Schraubvorrichtungen an die Schraubwerkzeuge eine Reihe von spezifischen Anforderungen gestellt werden müssen, die bei manueller Montage oder Verwendung nichtflexibler Schraubautomaten nicht oder nur eingeschränkt auftreten. Diese Anforderungen lassen sich aufgliedern in zwei Hauptbereiche, und zwar allgemeine und fügephasenbezogene Anforderungen.

a) allgemeine Anforderungen

- das Verarbeiten von Außensechskantschrauben muß möglich sein
- der Schraubendurchmesserbereich umfaßt M4 bis M10

b) Anforderungen während Phase I und II

- ein Verkippen der Schraube im Schraubwerkzeug bei raumschrägen Fügevorgängen muß vermieden werden

c) Anforderungen während Phase III und IV

- eine zentrische Führung der Schraube im Werkzeug muß gewährleistet sein.

6.1   Modul zum Ausgleich von Positionierfehlern

Die Prinzipskizze in Bild 19 zeigt die grundsätzlichen Möglichkeiten zum Ausgleich eines Lateralversatzes zwischen Gewindeloch und Spindelachse, wobei Fall 2 anzustreben ist, da im Fall 1 der sich aufrichtende Bolzen die Gesamtmasse der Schraubspindel bewegen muß. Dies widerspricht mehreren Punkten der in Kap 5.1 dargestellten Anforderungen.

Im Fall 2 hängt die von der Schraube zu erzeugende Reaktionskraft überwiegend von der Nachgiebigkeit der Schraubernußführung ab. Betrachtet man diese Führung zunächst als Biegebalken, so ergibt ein vereinfachter Rechenansatz /121/

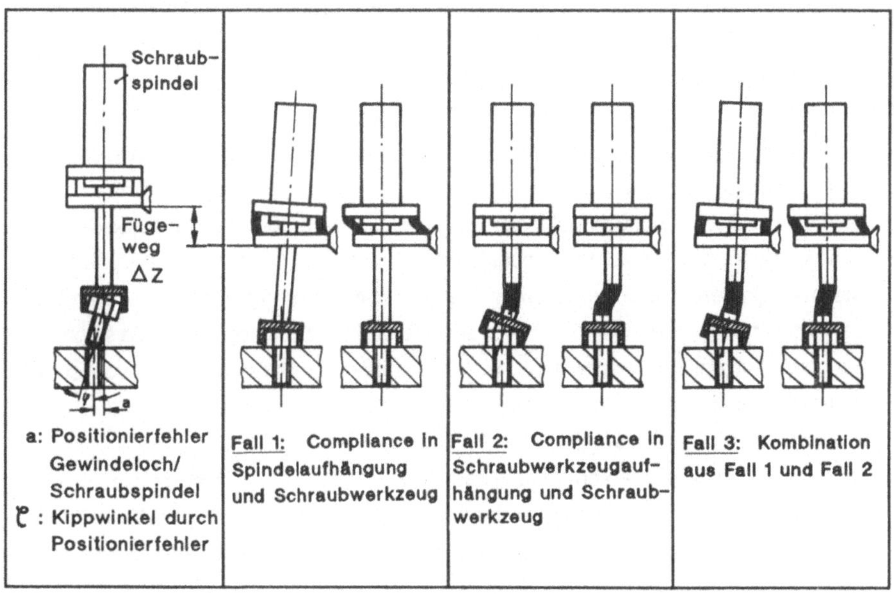

Bild 19 : Prinzipdarstellung der Positionierfehlerausgleichsmöglichkeiten
beim automatischen Schrauben mit Industrieroboter

$$F = \frac{f \cdot 3 \cdot E \cdot I_y}{I_o^3}$$

mit

F = Reaktionskraft der Schraube

E = Elastizitätsmodul der Nußführung

f   = Auslenkung der Nußführung

I_o = Länge des deformierbaren Teils der Nußführung

I_y = Trägheitsmoment der Nußführung

Aus diesem Ansatz folgt, daß die prozeßseitig wünschenswerte Minimierung der Reaktionskräfte am wirkungsvollsten durch eine Verlängerung der Nußführung erreicht werden kann.

Einer durch große Führungslänge (I_o) erreichbaren Minimierung der Reaktionskräfte an der Schraube steht somit die Forderung nach kompakter Bauweise der Schraubeinheit entgegen.

Die Lösung dieses Widerspruchs gelingt durch die Vergrößerung der "wirksamen" Führungslänge bei konstanter Absolutlänge.

Diese Vergrößerung der "wirksamen" Länge der Nußführung ohne Vergrößerung der Absolutlänge ist durch "Einfalten" der Außenkontur erreichbar. Wird ein solches Element als Hohlkörper ausgelegt, so entsteht eine Art Membranstapel, von dem nun nicht mehr ohne weiteres erwartet werden kann, daß er den Gesetzen der linearen Balkentheorie genügt.

Daher wurde vor der Anfertigung eines Versuchsmusters zunächst ein Finite-Elemente-Modell erstellt, um eine Abschätzung des wahrscheinlichen Verhaltens eines solchen Körpers zu ermöglichen. Bild 20 zeigt einen Schnitt durch das Rechnermodell.

Die Verhaltenssimulation unter dem Einfluß von Drehmomenten und Querkräften führte zu zwei Prototypen mit den Wanddicken von 0,1 mm bzw. 0,2 mm.

In Bild 21 ist das Deformationsverhalten eines sog. Near-Collet-Compliance-Elements (NCC) bei einem aufgeprägten Achsversatz von Δ x : D_A = 1:10

dargestellt , und zwar einmal als Rechnersimulation und einmal als Prototyp.

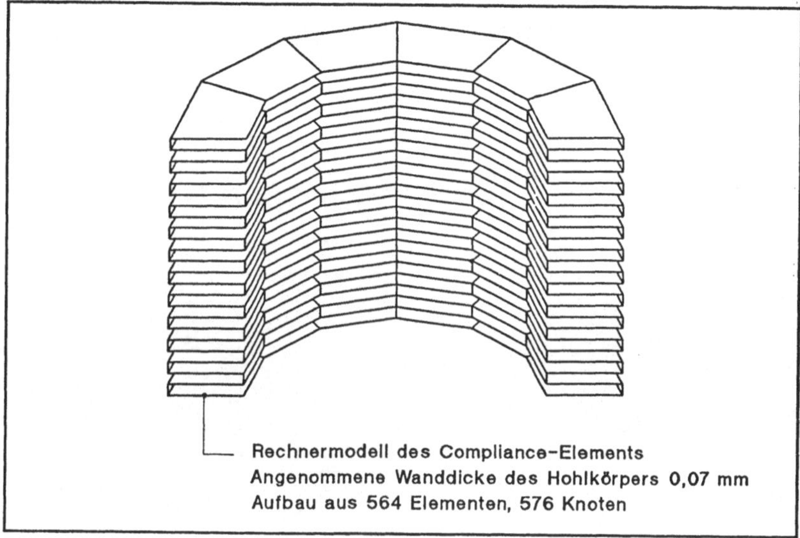

Bild 20 : Schnittdarstellung des Rechnermodells eines NCC-Elements

Der Prototyp ist dabei an einem Industrieroboter mit Schraubspindel angebracht und verschraubt eine Außensechskantschraube der Größe M6x50.

6.2 Modul zur Verminderung der axialen Fügekraft

Wie in Kap. 5.2 aufgezeigt, gelten für die flexible, raumschräge Schraubmontage mit Industrieroboter die grundsätzlichen Forderungen nach achsgerader Führung der Schraubspindel sowie schneller Nachführung der Spindel gemäß Fügefortschritt.

6.2.1 Vermeidung von Bahnfehlern

Für die Durchführung beliebiger raumschräger Schraubvorgänge sind Roboter mit einer 5-Achs-Kinematik notwendig. Da der Antrieb der Einzelgelenke schrittweise über Decoderscheiben und Schrittmotoren erfolgt, führt ein Roboter statt einer linearen Bewegung eine Art dreidimensionale Treppenfunktion aus, deren

Abweichungen von der Sollbahn bis zu 1 mm betragen können. Dieser Wert überschreitet das Fügespiel von Schraubenpaarungen um einen Faktor 5 bis 10, je nach Schraubenqualität und -größe.

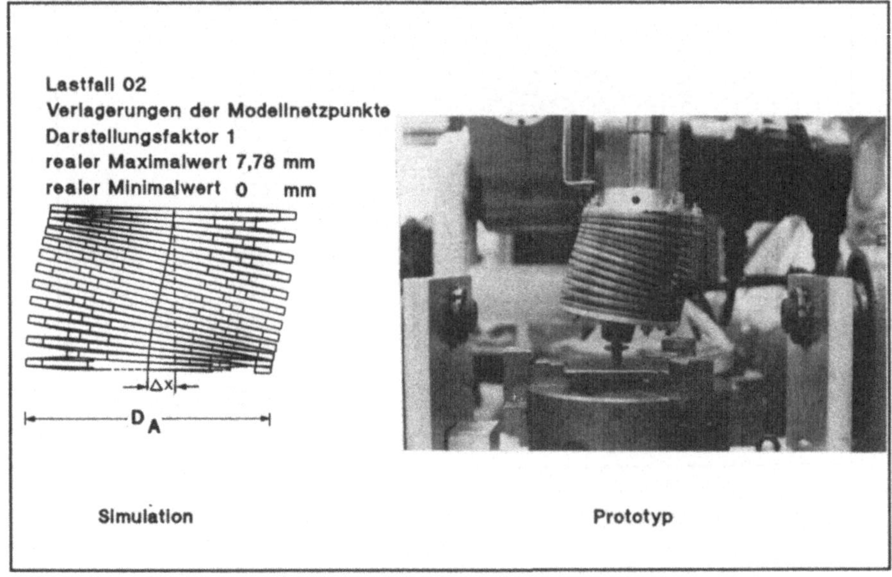

<u>Bild 21</u> : Verhalten eines NCC-Elements bei Simulation und als Prototyp

6.2.2 <u>Vermeidung von Schleppfehlern</u>

Eine sensorgesteuerte Nachführbewegung des Roboters scheidet wegen des geringen Fügespiels von Schraubenpaarungen bei gleichzeitiger hoher Füge-geschwindigkeit aus. Bei einem Fügefall mit einer Gewindesteigung von 1 mm, Eindrehdrehzahl 600 min^{-1} und einer Reaktionszeit der Robotersteuerung von 50 ms ergibt sich ein Schleppfehler von 0,5 mm. Das überschreitet das Fügespiel von Schraubenpaarungen je nach Durchmesser um einen Faktor 2 bis 5.

Neben dieser rechnerseitigen Einschränkung der Nachführgeschwindigkeit existiert noch eine mechanische Einschränkung. Roboterarme, die in der Lage sind, eine für die Verschraubung von M10 geeignete Schraubspindel zu handhaben und darüberhinaus das in Fügephase IV entstehende Festdrehmoment abzustützen, besitzen eine Masse von mindestens 200 kg. Diese Masse kann im Bereich der beim Fügeprozeß "Schrauben" auftretenden Fügespiele von derzeit verfügbaren Geräten nicht ausreichend schnell nachgeführt werden.

Aufgrund dieser Überlegungen wurde eine Verfahreinheit zur achsgeraden Führung einer Schraubspindel mit integrierter Fügekraftregelung entwickelt.

Eine Prinzipdarstellung des Systems zeigt <u>Bild 22</u>. Um die grundsätzliche Forderung nach Gewichtsminimierung zu berücksichtigen, wurden Verfahreinheit und Antrieb getrennt, so daß die Antriebseinheit vom Roboter nicht mitbewegt werden muß. Die Verfahreinheit nimmt die Schraubspindel auf und bewegt sie auf einer geraden Bahn in Achsrichtung. Spielfreiheit wird durch einstellbare Kugelbüchsen, die Aufnahme der Reaktionsmomente durch die Anordnung der Führungsachsen als Parallelführung erreicht.

Fügekraftkontrollsystem	Komponenten
- Steuerung - Leistungsteil	
- Verfahreinheit mit Kraftsensor	
- Seilzüge	
- Antriebseinheit mit Antriebsmotor	

<u>Bild 22</u> : Prinzipdarstellung der Verfahreinheit zur Führung einer Schraubspindel

Die Übertragung der Vorschubstellkräfte geschieht durch Stahlseile. Dadurch bleibt die Bewegungsfähigkeit des Roboters uneingeschränkt erhalten. Um die an der Schraube zu erzeugende Fügekraft möglichst fehlerfrei zu messen, wurde der Fügekraftsensor direkt an der Vorschubeinheit angeordnet und damit ein Einfluß der Reibungskräfte in den Bowdenzügen auf die Fügekraftdosierung vermieden.

Die doppeltwirkenden Bowdenzüge bilden mit der Antriebseinheit einen mechanisch geschlossenen Kreis, so daß unabhängig von der aktuellen Raumlage der Einheit vor Beginn eines Fügevorgangs das Meßsignal nullgesetzt werden kann und damit auch bei schrägem Überkopfschrauben eine sichere Einhaltung der vorgewählten Fügekraft gegeben ist.

6.3   Modul zur Steigerung der Einsatzflexibilität

Das während des Festdrehvorgangs notwendige Drehmoment erzeugt im Schraubwerkzeug große Radial- und Tangentialkräfte.Um dennoch eine geometrisch kompakte Ausführung des Werkzeugs zu ermöglichen wurde die Konstruktion unterteilt in ein Gehäuseunter- und ein Gehäuseoberteil (Bild 23).

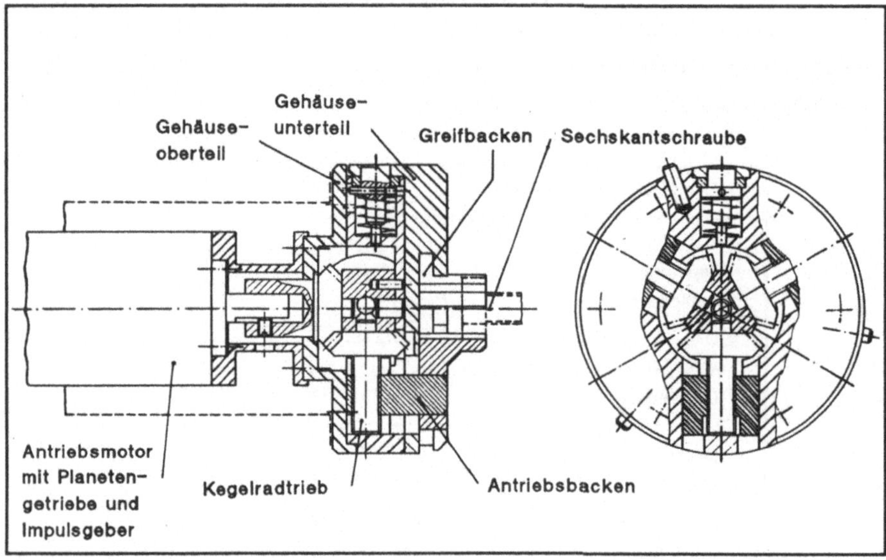

Bild 23 : Zusammenbauzeichnung der Schraubmontage-Greifereinheit

Dadurch ist gewährleistet, daß die Tangentialkraftkomponente des Drehmoments über die Führungen der Greifbacken und den Außendurchmesser des Unterteils abgestützt wird, während die radiale Kraftkomponente von den Greif- auf die Antriebsbacken übertragen wird, welche sich über die selbsthemmend ausgeführten Kegelradtriebe am Gehäuseoberteil abstützen. Die an den kritischen Stützflächen auftretenden Flächenpressungen wurden durch Finite-Elemente-Rechnungen mit dem Programmpaket ASKA ermittelt und durch geeignete Werkstoffauswahl die Baugröße minimiert.

Durch die geteilte Bauform ist es weiterhin möglich, an dem Gehäuseoberteil verschiedene Unterteile mit unterschiedlich geformten Greifbacken anzubringen, so daß das Werkzeug an unterschiedliche Durchmesserbereiche angepaßt werden kann. Die Auslegung erfolgte zunächst für den Bereich M4 bis M10.

Den angefertigten Prototyp zeigt <u>Bild 24</u>. Das Gerät besteht aus einem Antriebsmotor mit Planetengetriebe und optischem Impulsgeber sowie dem beschriebenen Schraubwerkzeug. Mit Hilfe des Impulsgebers kann von der zu dem Werkzeug gehörenden Steuereinheit die Stellung der Greifbacken überwacht werden. Dies ist notwendig, um die Backen auf das Eckmaß des Kopfes der jeweils zu greifenden Schraube fahren zu können und ermöglicht darüberhinaus auch eine Störfallerkennung.

Wird z.B. eine Schraube mit Kopfmaß-Abweichungen gegriffen, so wird dies von der Steuerung erkannt und es können geeignete Störfallstrategien ausgelöst werden.

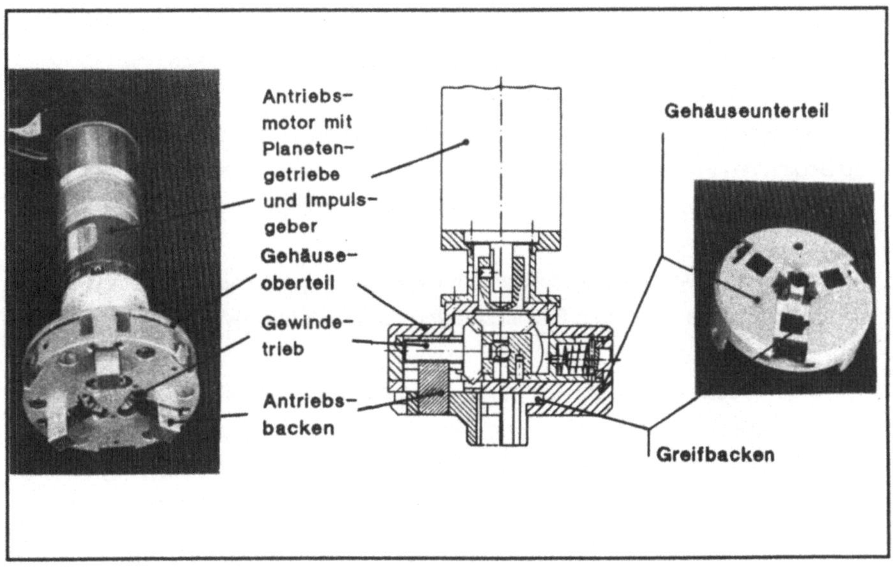

<u>Bild 24</u> : Prototyp der Schraubmontage-Greifereinheit

7   <u>Erprobung der Funktionsmodule</u>

7.1   <u>Versuchsaufbau zur Erprobung des Moduls zum Ausgleich
        von Positionierfehlern</u>

Bei den bisher durchgeführten Arbeiten zur Positionierproblematik bei Gewindepaarungen wird von einem maximal ausgleichbaren Lagefehler in der Größe eines
halben Nenndurchmessers ausgegangen /106-113/, da bis zu diesem Wert ein
selbsttätiges "Einrasten" der Schraube in das Gewindeloch erfolgen kann.

Ist der auftretende Positionierfehler größer, kann nur noch durch Einsatz von Sen-
sorsystemen und Nachführung des Handhabungsgeräts ein erfolgreicher Fügevorgang durchgeführt werden.

Das im Kap. 6.1 vorgestellte Compliance-Element ist in der Lage, bei ebener
Fügefläche ohne Sensorik selbst Positionierfehler auszugleichen, die noch über
den einfachen Wert des Nenndurchmessers hinausgehen, d.h. die Schraube kann
zu Beginn des Fügevorgangs völlig "neben dem Loch" sitzen.
Dies wird ermöglicht durch zwei Funktionen des Elements:

1. das Near-Collet-Compliance-Element (NCC) sperrt durch seine Konstruktions-
    art von sechs möglichen Freiheitsgraden nur einen, und zwar die Rotation um
    seine Längsachse.
    Dies bedeutet, daß die Schraube während eines evtl. Suchvorgangs drei
    Translationen und Rotationen um zwei Achsen ausführen kann, während ihr
    durch die Antriebseinheit die Rotation um die dritte Achse aufgeprägt wird.
    Daraus folgt, daß bei Verwendung eines NCC-Elements die Schraube eine 5-
    achsige Suchbewegung ausführen kann.

2. die Verwendung handelsüblicher, kalt abgelängter und gerollter Schrauben,
    z.B. nach DIN 931, DIN 933 usw. Diese Schrauben haben fertigungsbedingt
    einen Grat an der Stirnfläche der Schraubenspitze, der durch das Aufrollen des
    Gewindes auf den Schraubenrohling erzeugt wird und in Richtung der
    Längsachse der Schraube über das Niveau ihrer Stirnfläche hinausragt.

Eine solche Schraubenspitze zeigt <u>Bild 25</u>.

<u>Bild 25</u> : Geometrie der Gewindespitze eines metrischen Schraubengewindes
(REM-Aufnahme)

Wird eine Schraube durch Fehlpositionierung neben dem Gewindeloch aufgesetzt, so findet nur ein Punktkontakt an einer von der zufälligen Drehlage der Schraube und der Raumrichtung des Kippwinkels zwischen Schraubenachse und Achse der Gewindebohrung abhängigen Stelle dieses Grats statt.

Wird nun durch den Spindelantrieb eine Rotation der Schraube erzeugt, so beginnt die Schraube sich entlang der vordersten Linie des Gratrandes auf der Auflagefläche abzuwälzen. Die Schraube beginnt eine pseudostochastische Taumelbewegung auszuführen. Diese Taumelbewegung würde bei konstanten Reaktionskräften in beliebige Richtungen laufen. Damit wäre keine Gewähr gegeben, daß die Schraube das Gewindeloch trifft. Da jedoch bei gegenüber der Längsachse des NCC-Elements steigender radialer Auslenkung auch die Reaktionskräfte zunehmen, wird die Schraube bei Erreichen eines Grenzabstands zur NCC-Achse von diesem wieder umgelenkt.

Das Ergebnis dieser Wechselwirkung ist eine zufällige, aber auf einen bestimmten

Radius begrenzte Taumelbewegung. <u>Bild 26</u> zeigt, daß das Verhalten des Systems unabhängig von der jeweils zu fügenden Schraube reproduzierbar ist, d.h. der Suchkreisradius ist teileunabhängig vorwählbar.

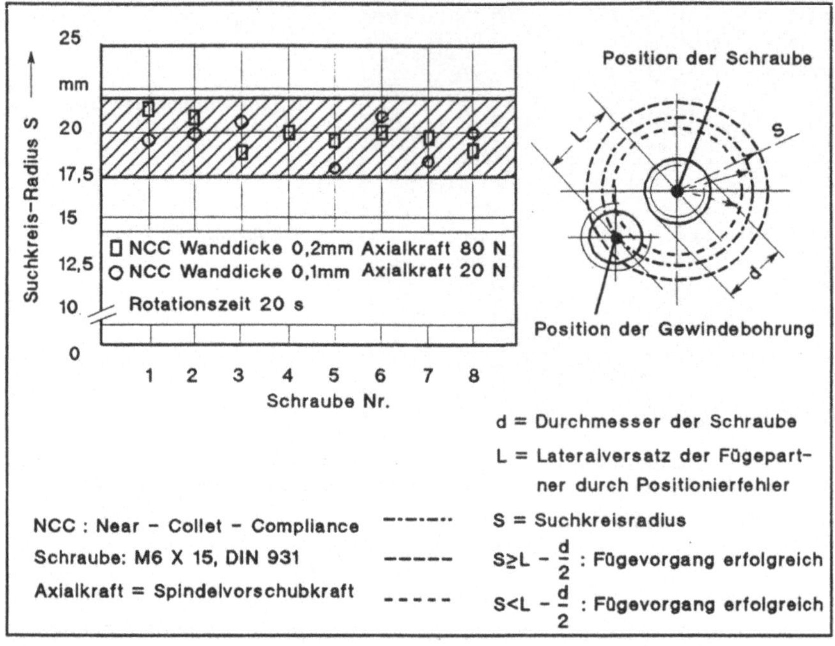

$S \geq L - \dfrac{d}{2}$: Fügevorgang erfolgreich

$S < L - \dfrac{d}{2}$: Fügevorgang erfolgreich

<u>Bild 26</u> : Verhalten eines NCC-Elements bei Vorliegen eines Positionierfehlers

Das Diagramm enthält die Radien der Suchbewegungen einer Anzahl von zufällig ausgewählten Normschrauben mit unterschiedlich geformten Stirnflächen. Die Rotationszeit betrug bei den Versuchen 20 s, die Spindeldrehzahl ca. 600 min^{-1}, das entspricht bei einer angenommenen Schraubenschaftlänge von 50 mm der vierfachen Einschraubtiefe.

Um mit den beiden verwendeten Elementen gleichgroße Suchradien zu erzeugen wurde das Element mit 0,2 mm Wandstärke wegen seiner höheren Eigensteifigkeit mit einer höheren Axialkraft beaufschlagt. Bei sonst unveränderten Parametern liegen die Radien für beide NCC-Elemente konstant zwischen 17,5 mm und 22,4 mm.

Hieraus ist zu ersehen, daß aus gleichbleibenden Prozeßparametern ein reproduzierbares Systemverhalten resultiert. Aus der Tatsache, daß NCC-Elemente in Abhängigkeit ihrer mechanischen Eigenschaften bei Änderung der axialen Vorspannung unterschiedliche Suchradien erzeugen, folgt die Möglichkeit bei gezielter Variation dieser Vorspannung ohne Austausch des Compliance-Elements eine Änderung des Systemverhaltens zu erzeugen. Dies zeigt <u>Bild 27</u>. Bei Variation der Axialkraft zwischen 5 N und 40 N ergeben sich mittlere Suchradien von 14 mm bis 27 mm, das entspricht dem 2,3 bis 4,5 fachen Durchmesser der verwendeten Schraube M6. Es ist also möglich, mit dem beschriebenen Compliance-Element bei geeignetem Aufbau einer Schraubvorrichtung ein programmierbares Suchverhalten zu erzeugen.

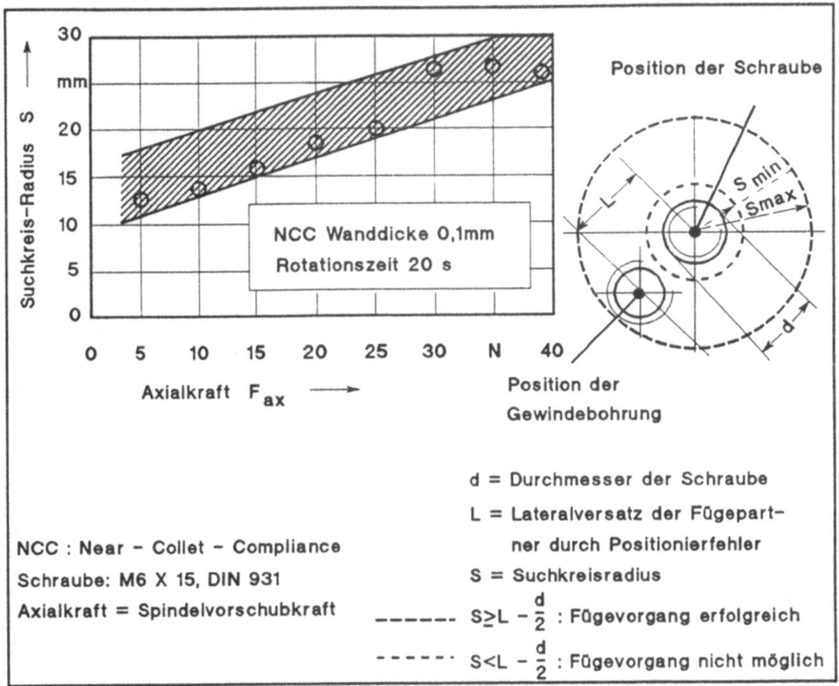

<u>Bild 27</u> : Variation des Suchkreisradius durch Änderung der axialen Vorspannkraft bei einem NCC-Element

Die gute Übereinstimmung zwischen Rechenmodell und Prototyp hat sich nicht nur im Deformationsverhalten sondern auch bezüglich der mechanischen Kennwerte bestätigt. <u>Bild 28</u> und <u>Bild 29</u> zeigen die Systemantworten zweier geometrisch gleicher Prototypen mit den Wandstärken 0,1 mm und 0,2 mm.

Man sieht, daß z.B. bei nur einem Winkelgrad Torsion ein Drehmoment von 35 Nm übertragbar ist, während bei einem angenommenen Lateralversatz von einem ganzen Schaftdurchmesser (Schraube M6) nur eine Reaktionskraft von knapp 90 N erzeugt wird. Dies ist ein Wert, der im Verhältnis zu der von einer M6-Schraube erzeugbaren Klemmkraft zwischen 9000 und 16 000 N unmittelbar den Schluß zuläßt, daß eine Beschädigung der Oberflächen der Verbindungselemente durch Rückstellkräfte während des Schraubvorgangs bei Verwendung eines solchen Compliance-Elements ausgeschlossen ist.

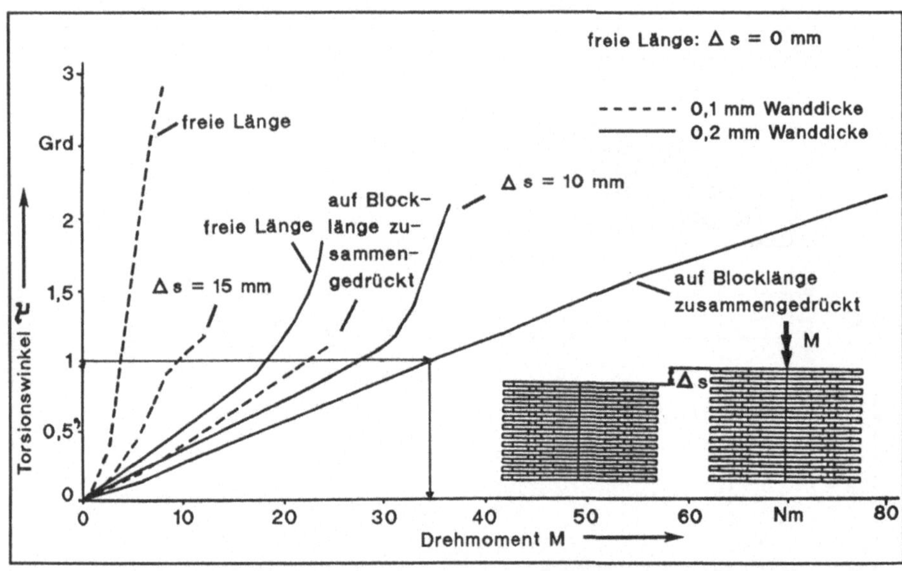

<u>Bild 28</u> : Winkel-Drehmoment-Diagramm eines NCC-Elements bei Torsion

Weitere Vorteile des NCC-Elements gegenüber konventionellen Remote-Center-Compliance-Elementen (RCC) /113/ sind:

- Reduzierung der bewegten Massen gegenüber RCC-Elementen um ca. Faktor 50,

- integrierte Nachgiebigkeit in Schraubrichtung, dadurch Wegfall der Schraubnußfederung,

-   keine unkontrollierte Raumlageänderung des Schraubwerkzeugs durch Eigengewicht bei nichtsenkrechten Schraubvorgängen

-   Verhältnis Torsionswinkel : Festdrehwinkel beim Festdrehvorgang besser 1:30 (d.h. keine Verfälschung des Drehwinkelmeßwertes bei überwachten Schraubvorgängen)

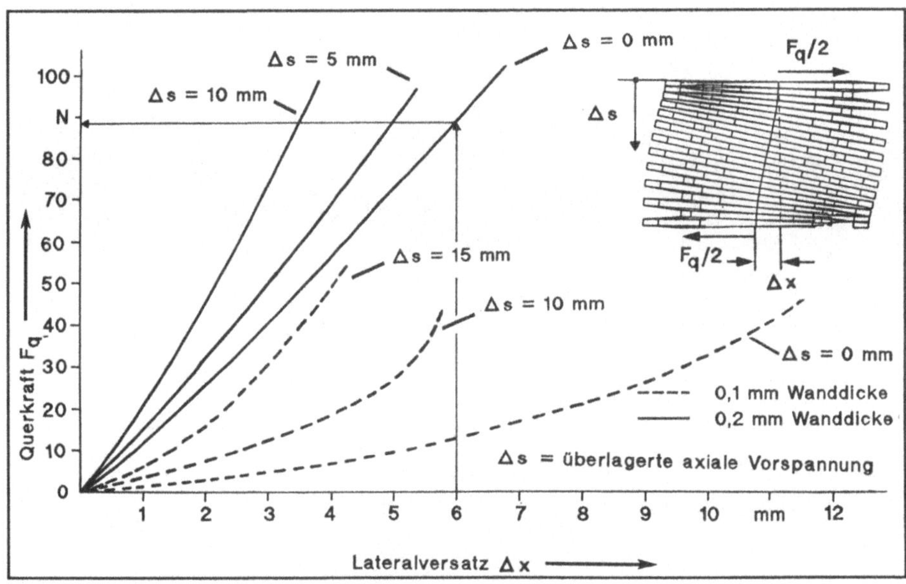

Bild 29 : Kraft-Weg-Diagramm eines NCC-Elements bei Lateralversatz

Die volle Leistungsfähigkeit des beschriebenen Systems zeigt anschaulich Bild 30.
Das NCC-Element ist hierbei mit einer Druckdurchführung an einer handels-üblichen Schraubspindel angebracht. Diese wird durch einen 5-Achsen-Vertikal-knickarmroboter mit Punkt-zu-Punkt-Steuerung positioniert, als Basisbauteil dient ein schiefwinklig eingespannter Stahlzylinder.
Die als Musterwerkstück verwendete Schraube M6 DIN 931 wird mit einem Paral-lelversatz an das Basisteil angefahren, der mehr als ihrem zweifachen Schaft-durchmesser entspricht. Die typische Zeitspanne bis zum Finden und Einrasten in die Gewindebohrung beträgt dabei weniger als 1 Sekunde.
Nach Beendigung des Einschraubvorgangs genügt zum Abziehen der Schraubnuß vom Schraubenkopf die Erzeugung eines Unterdrucks innerhalb des Compliance-

Elements, ein Verklemmen des Schraubwerkzeugs mit dem Schraubenkopf wird durch die große Nachgiebigkeit zuverlässig vermieden.

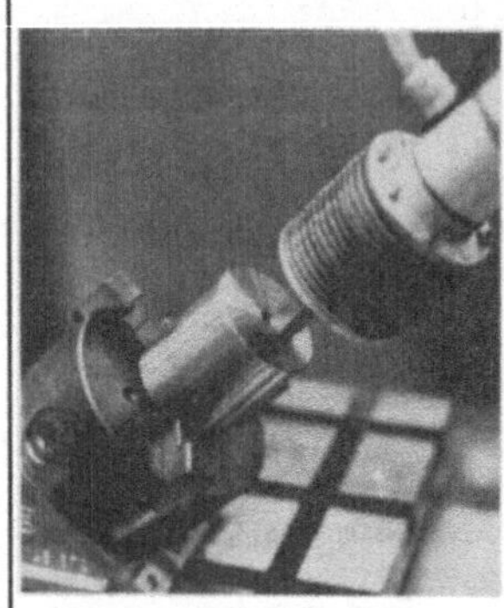

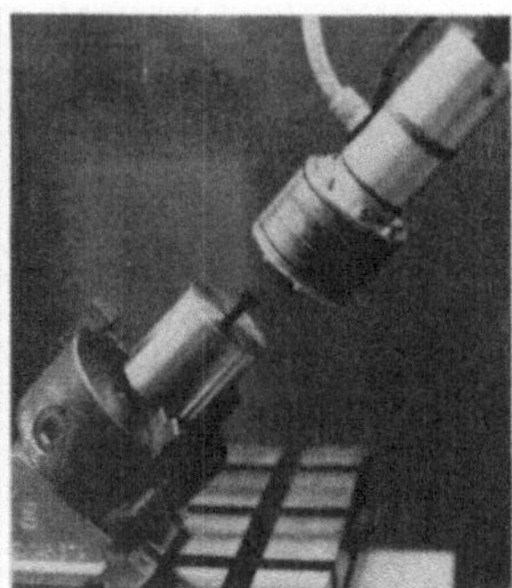

Die Schraube wird mit einem Versatz an das Werkstück angefahren der etwa ihrem doppelten Durchmesser entspricht

Nach kurzer Suchrotation (Suchzeit < 1s) rastet die Schraube im Gewindeloch ein

Nach erfolgtem Schraub-vorgang genügt zum Abzie-hen der Schraubnuß die Erzeugung eines Unterdrucks im Compliance-Element

<u>Bild 30</u> : Ausgleich eines Positionierfehlers durch ein NCC-Element
bei der Schraubmontage mit Industrieroboter

7.1.1 Rechnerprogramm zur einsatzfallangepaßten Auslegung des Moduls zum Ausgleich von Positionierfehlern

Auf die Dimensionierung eines NCC-Elements nehmen je nach Einsatzfall eine Reihe von Randbedingungen Einfluß. Dies sind z.B. werkstückabhängige Größen wie maximal zulässige, axiale Fügekraft (abhängig von der Werkstückoberfläche oder der Gefahr des gegenseitigen Verschiebens der Fügepartner) oder die Lage des Fügeorts und die daraus resultierenden Kollisionskanten.

Zur schnellen Anpassung eines Elements an die jeweilige Schraubaufgabe wurde ein Rechenprogramm erstellt. Dieses Programm besitzt eine Bedienerführung, die über eine Parameterliste die fallspezifischen Größen abfragt.

Je nach Einsatzfall können z.B. konstruktionsbedingte, prozeßbedingte oder geo-metrische Mußkriterien quantitativ festgelegt werden. Das Programm errechnet daraufhin die als variabel betrachteten restlichen Geometriegrößen und stellt diese in einer dreidimensionalen Darstellung dem Benutzer zur Verfügung. Das Ergebnis eines solchen Rechenlaufs zeigt <u>Bild 31</u>.

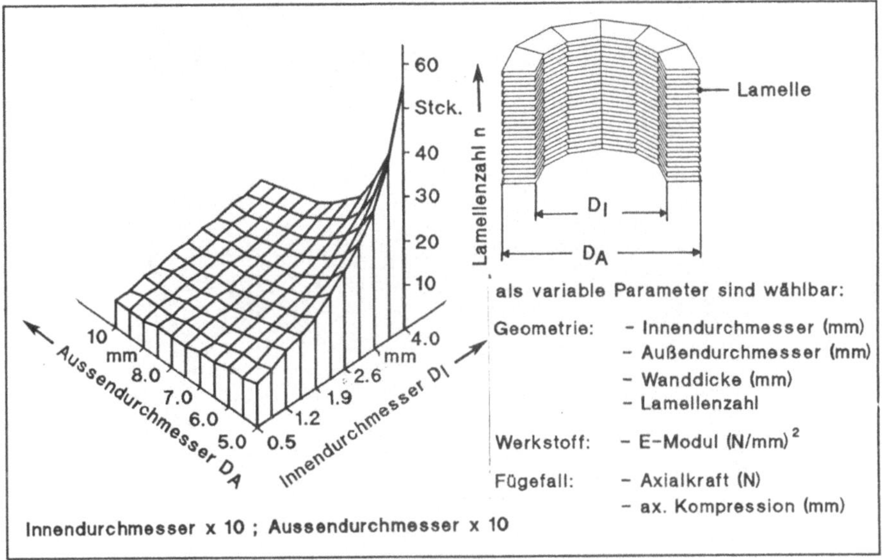

<u>Bild 31</u> :　Ergebnis eines Rechenlaufs zur Dimensionierung von NCC-Elementen

7.2　<u>Versuchsaufbau zur Erprobung des Moduls zur Verminderung der axialen Fügekraft</u>

Einen ersten Aufbau des Versuchssystems zeigt <u>Bild 32</u>. Als Handhabungsgerät dient ein 5-Achsen-Vertikalknickarmroboter, der eine elektronisch überwachte Schraubspindel und die Verfahreinheit handhabt.

Die freiprogrammierbare Steuerung ist in einen Steuerteil mit Tastatur und Zeilendisplay und in einen Leistungsteil zur Ansteuerung des Motors der Antriebseinheit aufgegliedert.

1 Robotersteuerung	6 Stahlzüge
2 Schraubspindel	7 Vertikalknickarmroboter
3 Steuerteil	8 Linearmodul
4 Leistungsteil	9 Versuchswerkstücke
5 Antriebseinheit	10 Fügekraftmeßgerät

<u>Bild 32</u> : Versuchsaufbau zur Erprobung der Verfahreinheit für Schraubspindeln

Durch den Einsatz einer autonomen Steuereinheit ist es möglich, sowohl für unterschiedliche Fügefälle entsprechende Parametersätze abzuspeichern, so daß in wahlfreier Reihenfolge verschiedene Verschraubungen durchgeführt werden können. Es ist ebenfalls möglich Störfallstrategien vorzusehen, so daß z.B. bei einem Verkanten die erzeugte Rückhubkraft softwareseitig begrenzt werden kann und beispielsweise ein Herausreißen des Basisteils aus einem Werkstückträger vermieden wird.

Bei dem zur Kraftmessung verwendeten Sensor handelt es sich um ein Quarzkristall-Meßelement. Prinzipiell sind mit solchen Elementen nur Druckkräfte erfaßbar. Da das Sensorsignal steuerungsseitig zu jedem beliebigen Zeitpunkt nullgesetzt werden kann, wurde ein Element verwendet, dessen Meßkristall sich unter einer mechanischen Vorspannung befindet, so daß bei auftretenden Zugkräften diese Vorspannung vermindert und damit ebenfalls ein Meßsignal erzeugt wird. Die Verwendung eines piezokeramischen Meßelements beinhaltet zwei weitere Vorteile. Neben den geringen Abmessungen (ca. Ø 15 mm, 40 mm Länge) ist das Element bei einer Ansprechschwelle von 0,01 N bis zu $\pm$ 5,5 kN überlastbar und erfüllt so die Forderung nach robustem Aufbau des Gesamtwerkzeugs.
Der als Antriebsmotor der Spindeleinheit verwendete Scheibenläufermotor erträgt ein Impulsdrehmoment von knapp 5 Nm. Die Verfahreinheit erreicht damit eine Beschleunigung von 25 m/s^2.
In Bild 32 ist weiterhin eine elektronische Waage mit einem aufgespannten Gewindeblock und 5 Musterschrauben M5X60 dargestellt. Mit dieser Konfiguration wurden Fügeversuche durchgeführt. Bei größtmöglicher Verminderung der axialen Fügekraft ergaben sich schließlich Vorschubkräfte von ca. 0,17 N (Anzeige der Waage in Gramm, Bild 33).
Dies entspricht bei einem Eigengewicht der Schraubspindel von 70 N einer Verringerung des Spindelgewichtseinflusses von mehr als Faktor 400. Dieser Wert ist für den Praxiseinsatz in jedem Fall ausreichend.
Es existieren Hinweise in der Literatur (s. /118/), daß beim Fügevorgang Schrauben eine Axialkraftschwelle existiert, unterhalb derer auch bei Vorliegen eines Positionierfehlers die Schraube entweder in die Gewindebohrung findet oder leer durchdreht, ein Verkanten und damit eine Beschädigung der Gewinde aber vermieden wird.

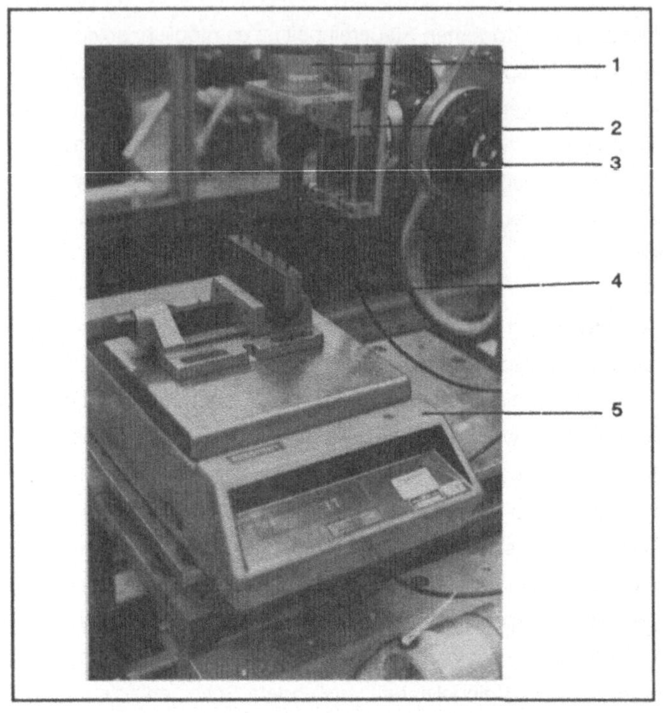

1 Schraubspindel	3 Industrieroboter

2 Verfahreinheit mit
   Fügekraftsensor
	4 Gewindeblock mit
	   Musterschrauben

	5 Waage

<u>Bild 33</u> : Versuchsaufbau zur Ermittlung der minimalen axialen Fügekraft

Mit der hier beschriebenen Vorrichtung kann diese Axialkraftschwelle für den jeweiligen Schraubfall experimentell ermittelt und damit eine Bauteilbeschädigung gezielt vermieden werden.

7.3 Versuchsaufbau zur Erprobung des Moduls zur Steigerung der Einsatzflexibilität

Der Versuchsaufbau für durchmesserflexible Verschraubvorgänge ist in Bild 34 dargestellt. Mit diesem Versuchsaufbau können die in der Aufnahmevorrichtung enthaltenen Sechskantschrauben der Größen M4 bis M10 in wahlfreier Reihenfolge in den Gewindeblock montiert werden. Die im Roboterprogramm enthaltene Reihenfolgeinformation wird hierzu auf die Werkzeugsteuerung und die Steuerung der Schraubspindel übertragen, in diesen der jeweilige Parametersatz abgerufen (d.h. Kopfgröße und Drehzahl/Drehmoment), dann der Bewegungsablauf gestartet. Die Schraubeinheit wird vom Roboter über die Schraube gefahren, die Schraube vom Schraubwerkzeug gegriffen, aus der Aufnahmevorrichtung entnommen, zum Gewindeblock verfahren und eingeschraubt.

Bei der Versuchsdurchführung hat sich gezeigt, daß die Dynamik der Schraubspindel nicht ausreicht, um die Rotation des Werkzeugs bei Erreichen der Kopfauflage ausreichend schnell abzubremsen, da das Rotationsträgheitsmoment der Schraubmontage-Greifereinheit gegenüber gängigen Schraubwerkzeugen erhöht ist.

Ergebnis war die Tatsache, daß durch das Schwungmoment des Werkzeugs ein Mindestanzugsdrehmoment von ca. 12 Nm erzeugt wird. Aus diesem Grund wurde die Spindelsteuerung so modifiziert, daß das Umschalten von Eindrehdrehzahl auf Festdrehdrehzahl nicht während des Erreichens der Kopfauflage sondern bereits kurz vorher ausgelöst wird.

Dies kann realisiert werden durch Messung des Eindrehwegs oder durch Erfassung der Anzahl der Umdrehungen der Schraube. Da die vorhandene Spindelsteuerung einen maximalen Meßbereich von 999 Winkelgraden besitzt, wurde an der Abtriebswelle der Schraubspindel ein Sensor installiert, der nach jeder Umdrehung das Steuerungsmeßwerk nullsetzt und gleichzeitig ein Zählwerk um einen Wert erhöht.

Da bei bekannter Länge der Schraube und Steigung des Gewindes die Anzahl der Umdrehungen, nach der die Kopfauflage erreicht wird, ebenfalls bekannt ist, kann nun die Schraubspindelsteuerung das Umschalten von hoher Eindrehdrehzahl auf niedrige Festdrehdrehzahl bereits kurz vor Erreichen der Kopfauflage auslösen. Dies führt zu einer ruckfreien Herstellung des Schraubverbunds.

1 Industrieroboter Olivetti Sigma
2 Spindelsteuerung
3 Schraubmontage-Greifereinheit
4 Steuerung der Schraubmontage-Greifereinheit
5 Aufnahmevorrichtung für Schrauben
6 Gewindeblock
7 Terminal der IR-Steuerung

Bild 34: Versuchsaufbau zur Erprobung der Schraubmontage-Greifereinheit

8   Kombination der Funktionsmodule zu einer flexiblen Roboter-
        schraubstation

8.1   Gesamtsystem

Aufgrund der durchgeführten Versuche läßt sich sagen, daß Werkzeuge zum
Aufbau eines Gesamtsystems zur Schraubmontageautomatisierung mit Industrieroboter folgende Forderungen erfüllen müssen:

-       das System muß auftretende Lageabweichungen kompensieren können. Dies
        führt durch die Möglichkeit der Verwendung wenig präziser Handhabungs-
        geräte und Verzicht auf aufwendige Indexier- und Positioniervorrichtungen zur
        Reduktion der Investitionskosten,

-       durch eine Vorschubkraftkontrolle muß die Prozeßgeschwindigkeit gesteigert
        und die Fügesicherheit durch Vermeiden von Gewindebeschädigungen ver-
        bessert werden,

-       durch eine vorrichtungsseitige Variantenflexibilität müssen Werkzeug-
        wechselzeiten vermieden und die Investitionskosten durch Verringerung des
        Aufwands für Peripherieeinheiten vermindert werden.

8.2   Prinzipieller Aufbau

Die fügetechnischen Funktionen der Einzelmodule zeigt Bild 35. Bei konventioneller Vorgehensweise ist die Ausgangssituation bezüglich der Positionierung
und Führung des Fügeteils durch Bahnfehler, undefiniertes Verkippen der
Schraube im Werkzeug und Lochlagefehler gekennzeichnet.

Bei Einsatz der Module werden die Einflüsse durch Positionierfehler des Roboters,
wie auch der der Schraubnuß vermieden und Lagefehler des Basisbauteils aus-
geglichen. Die dabei erzeugten Rückstellkräfte können durch geeignete Auslegung
des NCC-Elements so begrenzt werden, daß weder eine Beschädigung der Gewindeflanken, noch ein etwaiges Verkanten von Schraube und Schraubwerkzeug beim
Festdrehvorgang auftreten können.

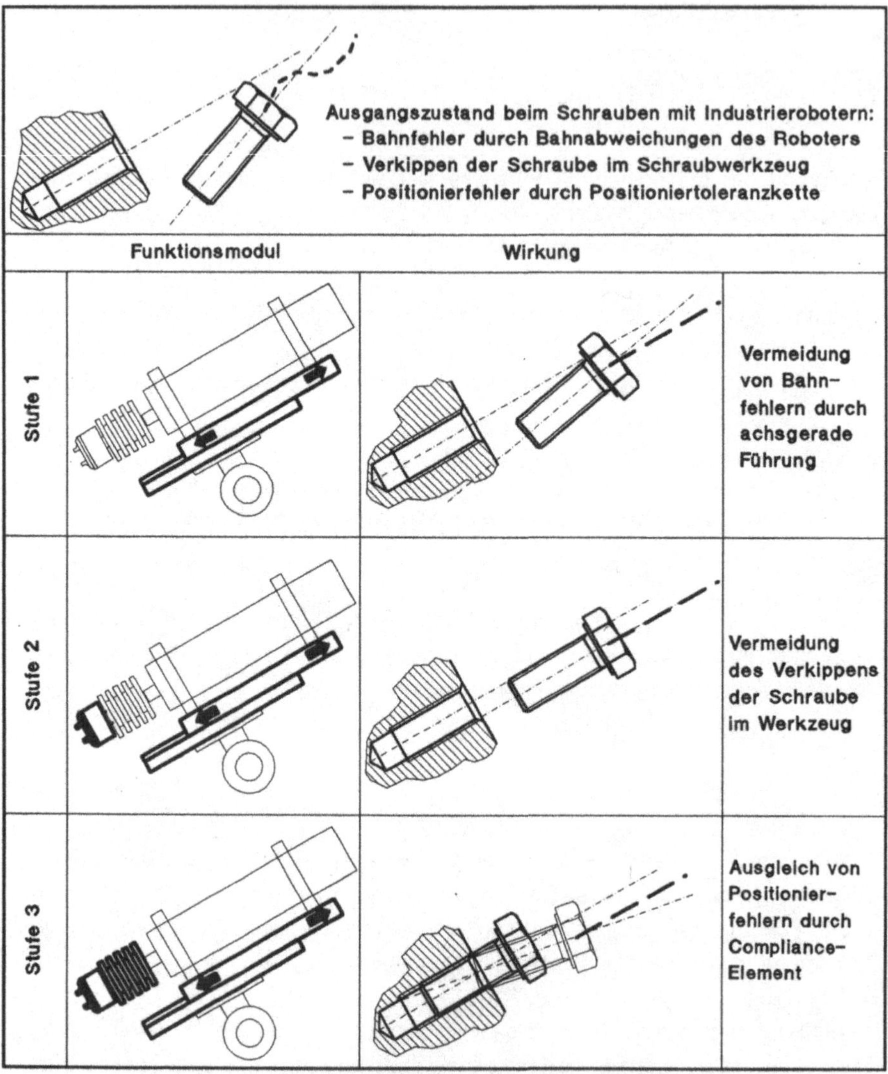

Bild 35 : Fügetechnische Funktionen der Einzelmodule

Bei Verwendung des beschriebenen flexiblen Schraubwerkzeugs und bei richtiger Reihenfolge der Prozeßschritte ist ein Verkanten der Schraube ohnehin unmöglich, da der Schraubenkopf spielfrei gehalten wird, und zwar findet hier gegenüber dem Linienkontakt der konventionellen Nuß ein Flächenkontakt statt, was als

"Nebeneffekt" zu einer geringeren Flächenpressung an den Kontaktflächen des Schraubwerkzeugs beim Festdrehvorgang und damit zu einer Erhöhung der Standzeit des Werkzeugs führt.

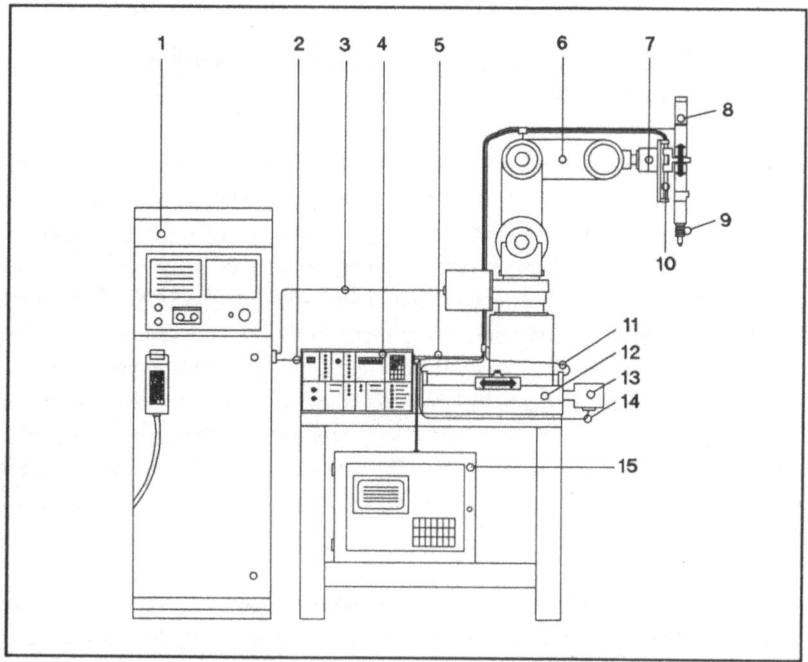

1 : Robotersteuerung	9 : Compliance-Element
2 : Datenleitung	10 : Verfahreinheit
3 : Roboteransteuerung	11 : Seilzüge
4 : Steuereinheit	12 : Antriebseinheit
5 : Sensorkabel	13 : Antriebsmotor
6 : Industrieroboter	14 : Motoransteuerung
7 : Werkzeugwechselsystem	15 : Schraubersteuerung
8 : Schraubspindel	

<u>Bild 36</u> : Prinzipaufbau einer hochflexiblen Schraubstation mit Industrieroboter

Insgesamt wird durch Eliminierung bzw. Kompensation von Störgrößen die Fügesicherheit und damit auch die Verfügbarkeit einer Schraubstation erhöht.

Den prinzipiellen Aufbau einer solchen Station zeigt <u>Bild 36</u>. In der dargestellten Konfiguration ist das System in der Lage, nahezu jeden technisch relevanten Schraubfall durchzuführen.

8.3 <u>Versuchsaufbau zur Erprobung einer flexiblen Roboter-schraubstation</u>

Ein Anwendungsbeispiel dazu zeigt <u>Bild 37</u>. Eine Armatur soll mit einem Ventil bestückt werden. Dazu muß das Ventil zunächst knapp zwei Durchmesser tief axialgerade eingeführt werden und dann in ein Feingewinde einfädeln, welches bedingt durch Lageabweichungen des Gußkerns einen Lagefehler von ca. 1 mm aufweisen kann. Das Ventil selbst hat eine empfindliche Oberfläche, die Reaktionskräfte bei einer Wandberührung müssen niedrig gehalten werden. Der Ventilkörper ist aus Messing, ebenso sein Gewinde. Bei Erzeugung zu hoher axialer Vorschubkräfte werden die Anfänge der Gewindeflanke während des Andrehvorgangs beschädigt und bei fortschreitendem Eindrehvorgang das Gewinde zerstört. Dies ist in diesem Fall ein erheblicher bauteilseitiger Schaden, da beide Bauteile zum Montagezeitpunkt fertig bearbeitet sind und eine Nacharbeit nur sehr eingeschränkt möglich ist.

Schließlich ist die Verwendung einer flexiblen Positioniereinheit im Beispiel sinnvoll, da jedes Werkstück aus zwei verschiedenen schrägen Raumrichtungen ver-schraubt wird und in diesem Produktbereich eine hohe Variantenvielfalt und begrenzte Produktlebensdauer üblich sind, was zu dauernd wechselnden Füge-richtungen führt.

Da die Führungsbewegung während des Einsteck- und Eindrehvorgangs von der Verfahreinheit und nicht vom Roboter ausgeführt wird, kann es sich bei diesem um ein Gerät mit lediglich Punkt-zu-Punkt-Steuerung handeln. Um sämtliche Rich-tungen und Punkte im Arbeitsraum anfahren zu können, muß es sich hierbei um ein Gerät mit 5-Achsen-Kinematik handeln. Ist dies nicht der Fall (wenn z.B. nur senk-rechte Schraubvorgänge auftreten), kann auf einfachere Geräte übergegangen werden. Dies gilt auch für die Schraubspindel und deren Steuerung. Werden keine präzisen Qualitätsverschraubungen verlangt und kann auch auf eine Betriebs-datenerfassung und -dokumentation verzichtet werden, können weniger aufwen-dige Systeme bis hin zu pneumatischen Abwürgeschraubern verwendet werden.

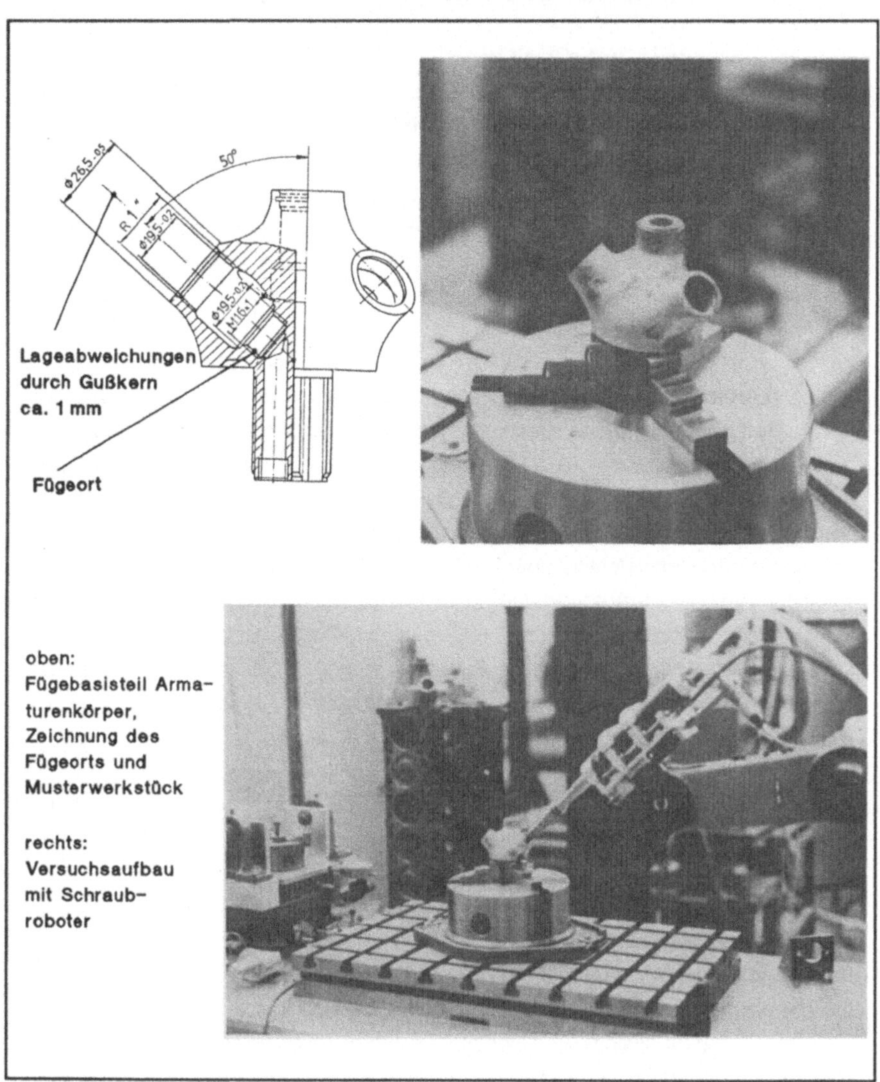

Bild 37 : Versuchsaufbau zur Durchführung eines komplexen Schraubvorgangs

Nicht in Bild 37 dargestellt ist die Art der Zubringung der Fügeteile. Dies hängt vom Einsatzfall ab, in dem beschriebenen Beispiel wird jedes Ventil einzeln aufgenommen und montiert. Andere Lösungen, wie Magazinlader und Zublaseinheiten, sind Stand der Technik.

Die Schraubmontage wird derzeit noch weitgehend manuell bzw. mit unflexiblen Schraubvorrichtungen durchgeführt. Der Grund dafür liegt in der Tatsache, daß der Fügevorgang "Schrauben" einige spezifische Problemstellungen beinhaltet, die mit konventionellen Vorrichtungen nicht lösbar sind.

In der vorliegenden Arbeit werden basierend auf einer Arbeitsplatzanalyse die wichtigsten Einsatzbereiche bei der flexiblen Schraubmontage mit Industrierobotern aufgezeigt.

Zur Konzeption von Funktionsmodulen für die Schraubmontageautomatisierung ist die genaue Kenntnis des Fügeprozesses sowie der Art und der Größenordnung der auftretenden Einflußparameter notwendig. Daher wird aufbauend auf einer analytischen Betrachtung des Fügevorgangs und der meßtechnischen Überprüfung der Ergebnisse eine rechnergestützte Simulation des Andrehvorgangs durchgeführt. Als wesentliche Einflußfaktoren auf den Fügevorgang zeigten sich Größe und Art des Positionierfehlers sowie Größe der Reaktionskräfte und -momente. Als wichtigste technische Automatisierungshemmnisse erwiesen sich das Fehlen von für die Schraubmontage geeigneten Compliance-Elementen (insbesondere hinsichtlich ihrer Drehsteifigkeit), die Bahnabweichungen der Industrieroboter bei achsgeraden Verfahrbewegungen und die mangelnde Flexibilität von Schraubwerkzeugen bezüglich unterschiedlichen Schraubengrößen.

Aufgrund der Ergebnisse der Analysen wurden Funktionsmodule konzipiert und jeweils ein Prototyp angefertigt und erprobt.

Da herkömmliche Elemente zum Ausgleich von Positionierfehlern wegen ihrer mangelnden Drehsteifigkeit für die Schraubmontage nicht geeignet sind, wurde ein neuartiges Compliance-Element entwickelt, das selbst bei Fehlpositionierungen, die die Abmessungen der Schraube übersteigen, noch in der Lage ist unter Erzeugung nur sehr kleiner Reaktionskräfte einen erfolgreichen Fügevorgang zu ermöglichen. Dies wird erreicht durch die Ausgestaltung des Elements. Durch ein bestimmtes Verhältnis zwischen Lateral- und Kippsteifigkeit dieses Elements wird bei rotierender Schraube eine Suchbewegung erzeugt, deren Suchkreisradius über die axiale Kompression des Elements variiert werden kann.
Da das Verhalten eines solchen Elements von einer Reihe von Faktoren beeinflußt wird, die ihrerseits teilweise gegenseitig abhängig sind, wurde zur Vereinfachung der Anpassung an bestimmte Einsatzfälle ein Rechnerprogramm erstellt, mit

welchem konstruktive, prozeßbedingte und geometrische Vorgaben ausgewählt werden können und daraufhin die Dimensionierung des Elements automatisch vorgenommen wird.

Während des Eindrehvorgangs ist eine achsgerade Vorschubbewegung zu erzeugen. Je nach Art des Schraubfalls ist weiterhin die Erzeugung einer definierten Vorschubkraft wünschenswert. Dies kann einerseits zur Steigerung der Eindrehgeschwindigkeit bei metrischen Gewinden verwendet werden, andererseits aber auch zum sicheren Andrehen selbstschneidender Gewinde in Blech und in nichtmetallische Werkstoffe, vornehmlich Holz und Kunststoff dienen.

Wie die mit dem angefertigten Prototyp durchgeführten Versuche ergeben haben, ist bei geeigneter Konzeption die erforderliche Dynamik erreichbar, um ohne Erzeugung von Reaktionskräften einen Eindrehvorgang mit hoher Drehzahl durchführen zu können.

Wie weiter gezeigt wird, ist es beim Einsatz von Schraubmontagezellen von Wichtigkeit, den Aufwand für Peripherieeinheiten gering zu halten. Da an vielen Schraubarbeitsplätzen Schrauben unterschiedlicher Größe verarbeitet werden, wurde ein flexibles Schraubwerkzeug konzipiert, mit dem Außensechskantschrauben unterschiedlicher Durchmesser montiert werden können.
Der hergestellte Prototyp eines solchen Werkzeugs ist geeignet für den in der Kfz-Industrie relevanten Größenbereich von M4 bis M10. Bei den mit diesem Werkzeug durchgeführten Fügeversuchen hat sich bestätigt, daß durch das gegenüber einem herkömmlichen Schraubwerkzeug größere Rotationsträgheitsmoment eine Modifikation der Schraubspindelsteuerung durchgeführt werden muß, da sonst in Abhängigkeit von der Eindrehgeschwindigkeit unterschiedliche Mindestanzugsmomente auftreten.

Auf der Grundlage der entwickelten Funktionsmodule wurde das Konzept einer hochflexiblen, robotergestützten Schraub- und Montagezelle aufgezeigt. Die Modularität der Funktionseinheiten läßt dabei die gezielte Anpassung des Gesamtsystems an ein bestimmtes Problemspektrum zu, beispielsweise ist bei kurzen Fügewegen durch die axiale Einfederung des NCC-Elements u.U. die Verfahreinheit ersetzbar. Je nach Arbeitsinhalt der Roboterstation können bei Verwendung eines Werkzeugwechselsystems noch weitere Handhabungs- und Montagevorgänge durchgeführt werden.

Die in der vorliegenden Arbeit vorgestellten Funktionseinheiten erhöhen die Fügesicherheit, vermindern den Peripherieaufwand, reduzieren die Taktzeiten und ermöglichen auch bei komplexen, raumschrägen Fügevorgängen die Verwendung 5-achsiger Handhabungsgeräte, die lediglich eine Punkt-zu-Punkt-Steuerung besitzen müssen. Entgegen dem bisher notwendigen hohen Aufwand mechanischer Präzisionsgeräte ermöglicht dies zukünftig den Einsatz einfacher Handhabungsgeräte und damit eine verstärkte Flexibilisierung in diesem wichtigen Teilbereich der Montage.

Eine weitere Verbesserung der Einsatzmöglichkeiten läßt sich nun erreichen durch:

- Gewichtsminimierung der Schraubantriebe für Roboter (z.B. durch Konstruktionsoptimierung mittels Finite-Elemente-Methoden, Verwendung hochfester Werkstoffe und Antriebseinheiten mit Seltene-Erden-Motoren),

- Minimierung der Abmessungen der Schraubwerkzeuge (zur Umfahrung von Störkanten am Bauteil und Montage von Schrauben bei Vorliegen enger Lochbilder).

Für die Planung von Schraubstationen ist die Erstellung von Planungshilfen in Form von rechnergestützten Auswahl- und Dimensionierungssystematiken durchzuführen, die Daten und Wissensbanken enthalten und bis zum Expertensystem ausgebaut werden können.

10   Literaturverzeichnis

/1/   Abele, E.:   Einsatzmöglichkeiten von flexibel automatisierten
Montagesystemen in der industriellen Produktion.
(Schriftenreihe "Humanisierung des Arbeits-
lebens", Band 61), Düsseldorf: VDI-Verlag, 1984.

/2/   VDI 2860 Bl.1   Handhabungsfunktionen, Handhabungsein-
      (Entwurf)   richtungen- Begriffe, Definitionen, Symbole.
10. 1982.

/3/   Bartl, M.:   Entwicklungstrends in der Produktion.
In: VDI-Berichte Nr. 501 (1983), S. 37-44.

/4/   Köhne, F.:   Praxis der Montageautomatisierung am Beispiel
der Automobilindustrie.
VDI-Berichte Nr. 479 (1983), S. 1-22.

/5/   Niefer, W.:   Möglichkeit und Notwendigkeit der Mechanisierung und Automatisierung.
In: Rationalisierung 32 (1981)1, S.21-23.

/6/   Warnecke, H.J.;   Automatisches Schrauben mit Industrierobotern.
      Walther, J.:   In: Wt- Z. ind. Fertig. 74 (1984) 3, S. 137-140.

/7/   Gießner, F.:   Gesetzmäßigkeiten und Konstruktionskataloge
elastischer Verbindungen.
Braunschweig, Techn. Univ., Diss., 1975.

/8/   Schweizer, M.:   Taktile Sensoren für programmierbare
Handhabungsgeräte.
Stuttgart, Universität, Diss. Dr.-Ing., 1978.

/9/   Weule, H.:   Schrauben in der automatischen Montage,
                                In: 5. Deutscher Montagekongreß, München,
                                26.-28. Okt. 1983, S. 72-104.

/10/   Fendl, E.:   Mehrfachschrauber und Montagemaschinen.
                                In: Technica 24 (1975) 11, S. 829-832.

/11/   Ehrhardt, K.F.:   Automatisierte Schraubenmontage.
                                In: Werkstatt und Betrieb 109 (1976) 6,
                                S. 325-330.

/12/   N.N.:   Schraubverbindungen müssen automati-
                                sierbar sein.
                                In: FAZ Ausgabe 204 vom 21.10.1983, S. 7.

/13/   Stapel, A.:   Genaue Schrauber sparen Schrauben.
                                In: VDI-Nachrichten 37 (1983) 5, S. 15.

/14/   N.N.:   Threaded fasteners.
                                In: Production Engineering 24 (1977) 8,
                                S. 40-46.

/15/   N.N.:   Computer sorgt für die exakte Ein-
                                stellung der Klemmkraft.
                                In: Handelsblatt Ausgabe 63 v. 28.3.1984, S.25.

/16/   N.N.:   British Leyland Enthusiastic About
                                Fastening System.
                                In: Assembly Engineering 21 (1978) 8,, S.32-33.

/17/   N.N.:   Zylinderkopf ohne Nachziehen fertig
                                montiert.
                                In: VDI-Nachrichten 35 (1981) 26, S.12.

/18/ Neunert, K.: Rationalisierungsmöglichkeiten in der
Montage durch Mehrfach-Schraubeinheiten
und Schraubautomaten.
In: KEM (1976) 2, S. 13-15.

/19/ N.N.: Moderne Montagestraße mit Druckluft-
schraubern.
In: KEM (1978) 2, S. 75-76.

/20/ Muck, G.: Automatisierte Montage in der Großserienfertigung - eine interdiszipli-
näre Aufgabe von Konstruktion und
Produktion.
In: Automobil-Industrie (1978) 1, S.71-74.

/21/ Junker, G.;
Boys, J.: Moderne Steuerungsmethoden für das
motorische Anziehen von Schraubenverbindungen.
In: VDI-Berichte Nr. 220 (1974), S.87-98.

/22/ N.N.: Tightening methods for fasteners.
In: Engineering (1981) 5, S. 1-4.

/23/ Widmann, H.: Anziehmomente unter der Lupe.
Industrie-Anzeiger 108 (1986) 100, S. 40-41.

/24/ Finkelston, R.: Electronic Head Bolt Tensioning Solves
Gasketing Problems.
In: Assembly Engineering 25 (1982) 4, S. 26-29.

/25/ Jende, S.,
Mages, W.J.: Überelastische Grenzgänger.
In: KEM (1986) 9, S. 73-74.

/26/   N.N.:   Schraubsystem für schnelle, zuverlässige
                                 und kostengünstige Montage.
                                 In: KEM (1979) 7, S. 15-17.

/27/   Bauer, C.O.:   Werkstofftechnische Eigenheiten von
                                 Schraubenverbindungen aus nichtrostenden
                                 Stahlsorten.
                                 In: Maschinenmarkt 89 (1983) 83,
                                 S. 1890-1893.

/28/   Dietz, P.,   Einfluß der Gewindegeometrie auf die
       Blechschmidt, J.:   Schraubenfestigkeit.
                                 In: Maschinenmarkt 91 (1985) 43, S. 836-838.

/29/   Göbel, J.:   Einflußfaktoren auf die Klemmkraft
                                 einer Schraubverbindung beim drehmoment-
                                 gesteuerten Anziehverfahren.
                                 In: Druckluftpraxis (1980) 1, S. 32-35.

/30/   Kayser, K.:   Einflüsse der Kraftangriffsflächen von
                                 Schraubenköpfen auf das Anziehen.
                                 In: Verbindungstechnik 12 (1980) 6, S. 31-36.

/31/   Thomala, W.:   Schraubenverbindungen für hohe
                                 Temperaturen.
                                 In: KEM (1982) 1, S. 65-68.

/32/   Junker, G.:   Die Montagemethode - ein Konstruktions-
                                 kriterium bei hochbeanspruchten
                                 Schraubenverbindungen.
                                 In: VDI-Z 121 (1979) 12 , S. 113-123.

/33/   Galle, M.:   Einsatz elektronischer Handwerkzeuge
                                 zur Montage im Maschinen-, Apparate-
                                 und Fahrzeugbau.

| | | In: Werkstatt und Betrieb 118 (1985) 5, S. 274-276. |

/34/ Strelow; D.:
Reibungszahl und Werkstoffpaarung in der Schraubenmontage.
In: Verbindungstechnik 11 (1981) 6, S.19-24.

/35/ Pfaff, H.; Thomala, W.:
Streuung der Vorspannkraft beim Anziehen von Schraubenverbindungen.
In: VDI-Z 124 (1982) 18, S. 76-84.

/36/ Erhardt, K.F.:
Moderne Montage von Schrauben und Muttern.
In: Verbindungstechnik 14 (1982) 6, S.17-22.

/37/ Junker, G.:
Grundlagen der Berechnung hochbeanspruchter Schraubenverbindungen.
In: VDI-Berichte Nr. 220 (1974) , S. 11-26.

/38/ Weule, H.:
Schrauben in der automatisierten Montage.
In: VDI-Berichte Nr.479 (1983), S.61-70.

/39/ Steinhilper, W.; Rende, H.:
Dehnschraubenverbindungen-elastische Nachgiebigkeiten, Reibungseinflüsse und Montageverfahren.
In: Der Konstrukteur 11(1985), S.16-28.

/40/ Junker, G.:
Reibung - Störfaktor bei der Schraubenmontage.
In: Verbindungstechnik 6 (1974) 11/12, S.25-36.

/41/ Schwarz, M,:
Auswahl und Steuerung von Druckluftmotoren.
In: Techno-tip 12 (1982) 7, S. 51-54.

/42/ Großberndt, H.:
Automatische Montagen erfordern verbesserte Schraubenqualität.

Informationsschrift der Firma
EJOT Eberhard Jäger GmbH & Co. KG
Verbindungstechnik
Bad Laasphe, 1984.

/43/   N.N.:   Leiser - leichter - leistungsfähiger,
Konsequente Entwicklung bei Druckluft-
werkzeugen.
In: Betriebstechnik (1978) Nov., S.52-54.

/44/   Niggemann, W.:   Wege zur Schraubtechnik von morgen.
In: Atlas Copco Druckluft Kommentare (1980) 2,
S. 3-11.

/45/   Grössl, H.   Gezielt ins grüne Fenster.
In: Techno-tip 16 (1986) 2, S. 41-47.

/46/   N.N.:   Vorspannkraft- und Drehmoment-Steuerung
durch Präzisions-Schraubsysteme.
PREMAG GmbH Geisenheim / Rh., 1978.

/47/   Kristof, M.:   Druckluft-Drehschrauber, Orientierungs-
hilfe für Beurteilung und Auswahl.
In: Pneumatik digest 16 (1982) 1-2, S. 27-30.

/48/   Ehrhardt, K.F.:   Elektroschrauber, ein Comeback?.
In: Verbindungstechnik 13 (1981) 11, S. 25-28.

/49/   Grössl, H.:   Hochfrequenz schlägt Druckluft.
In: Techno-tip 12 (1982) 7, S. 12-14.

/50/   N.N.:   Industriewerkzeuge rationalisieren die
Fertigung.
In: Verbindungstechnik 14 (1982) 6, S. 8-10.

/51/   N.N.:   Druckluft/Elektromotoren im Vergleich.
                             In: Atlas Copco Druckluft Kommentare (1982) 3,
                             S. 18-25.

/52/   Joest, H-J.:   Daumenschrauben.
                             In: Capital (1983) 10, S. 101-102.

/53/   Bormann, M.:   Werkzeuge- die Basis der Fertigung.
                             In: VDI-Nachrichten 40 (1986) 14, S.32.

/54/   Wahl, K.:   Entwicklung und Vergleich von Schraubern
                             aus der Sicht eines Automobil-
                             Herstellers.
                             In: Drucklufttechnik (1984) Juni, S.44-47.

/55/   Niggemann, W.:   Vielseitiges Kontrollverfahren
                             für Schraubverbindungen.
                             In: Werkstatt und Betrieb 113 (1980) 7,
                             S. 453-456.

/56/   N.N.:   Schraubtechnik: Mehr Sicherheit durch
                             Überwachung.
                             In: VDI-Z 130, (1988) 5, S. 65-68.

/57/   N.N.:   Nutrunner control problems solved by
                             electronic technique.
                             In: Design Engineering (1978) Sept., S. 15.

/58/   Thompson, T.:   Tools for Reliable Fastening.
                             In: Assembly Engineering 25 (1982) 2,
                             S.26-31.

/59/   Grund, P.:   Neue Funktionsprinzipien für das
                             maschinelle Anziehen von Schraubenver-
                             bindungen.
                             In: VDI-Z 129 (1987) 4, S. 89-95.

/60/   N.N.:   Schraubtechnik: Die Druckluft bedient
                           sich der Elektrotechnik.
                           In: mav (1982) 11, S.18-20.

/61/   Muck, G.:   Qualitätsdokumentation von Schraubver-
                           bindungen - eine zwingende Notwendigkeit.
                           In: Automobil-Industrie (1979) 2, S. 49-52.

/62/   Fütterer, H.G.:   Abkehr von der Drehmomentitis.
                           In: Scope (1987) 9, S. 9-13.

/63/   Muck, G.:   Druckluftschrauber mit elektronischer
                           Steuerung.
                           In: Wt-Z. ind.Fertig. 69 (1979) 4, S. 217-221.

/64/   Muck, G.:   Elektronische Messung und Steuerung
                           von Drehmomenten in Montagemaschinen.
                           In: VDI-Berichte Nr. 323 (1978), S. 151-158.

/65/   Stapel, A.:   Schraubmontage: wie flexibel kann sie sein?
                           In: DK (1985) 3, S. 11-14.

/66/   Großberndt, J.:   Automatische Schraubenmontagen.
                           In: Der Betriebsleiter (1985) 12, S. 50-55.

/67/   Rothstein, H.:   Automatisiertes Herstellen von
                           Schraubenverbindungen.
                           In: Maschinenmarkt 89 (1983) 59/60,
                           S. 1384-1387.

/68/   Singer, M.;   Design for Automatic Screwfeeding.
       Heck, M.:   In: Assembly Engineering 28 (1985) 11,
                           S.28-31.

/69/ Baudisch, R,;
      Brodkorb, H.:

Greiferwechselsystem für Montagearbeiten
in der Gerätetechnik.
In: Feingerätetechnik 35 (1986) 9,
S. 398-399.

/70/ Jacobi, P.;
      Kleppe, F.:

Kombinierte Fügemechanismen zum Verschrauben von Werkstücken mit Grob-
und Feingewinde.
In: Maschinenbautechnik 32 (1983) 12,
S. 540-542.

/71/ Redarce, T.;
      Fakri, A.;
      Jutard, A.;
      Yonnet, J.P.:

A compliant and electromagnetic table
with partial levitation for robotic assembly.
In: Proceedings of the 8th Annual British Robot
Association Conference, May 14-17, 1985,
Birmingham. Ed by J.A. Collins. Kempston:
IFS-Publ., 1985, S. 143-151.

/72/ Ko, B.K.;
      Cho, H.S.:

Active Force Feedback Control for
Assembly Processes Using a Flexible
and Sensible Robot Wrist.
In: Toward the Factory of the Future.
H.-J. Bullinger, H.J. Warnecke (Eds.).
Berlin: Springer, 1985, S. 571-577.

/73/ Maier, C.:

Ein Beitrag zur flexiblen Automatisierung der
Montage unter besonderer Berücksichtigung des
Schraubens mit Industrierobotern.
München, Techn. Univ., Diss., 1985.

/74/ Stapel, A.:

Automation erzwingt Nullfehler-Schrauben.
In: Produktion (1985) 7, S.13.

/75/ Lotter, B.:

Planung und Aufbau von flexiblen Montage-
anlagen am Beispiel der Feinwerktechnik.
In: Werkstattstechnik 77 (1987), S. 206-210.

/76/ Walther, J.: Montage großvolumiger Produkte mit Industrie-
robotern.
Stuttgart, Univ., Diss. Dr.-Ing., 1985.
(IPA-IAO Forschung und Praxis; Nr.88).
Berlin u.a.: Springer, 1985.

/77/ N.N.: Der universelle Wendelförderer mit dem
elektronischen Auge.
Informationsschrift der Firma MRW Digit
Electronicgeräte GmbH, Schwäbisch Gmünd.

/78/ Link, D.: Analytische und experimentelle Untersuchung des Teiletransports bei raum-
flexiblen Zuführsystemen.
Stuttgart, Univ., Studienarbeit Nr. 101/1629,
1986.

/79/ Lindig, J.: Vollautomatisches mikroprozessorge-
steuertes Verschrauben von Audio- und
Video-Kassetten.
In: Feinwerktechnik & Messtechnik 94 (1986) 7,
S. 453-454.

/80/ Krempel, F.: Flexible Montage schwerer Bauteile.
In: tz für Metallbearbeitung 79 (1985) 9, S. 33-38.

/81/ N.N.: Wirtschaftliches Verschrauben mit
Druckluftwerkzeugen.
In: Techno-tip 11 (1981) 12, S. 55-57.

/82/ Bauer, C.O.: Die unbekannten Kosten von Schraubenverbindungen.
In: wt- Z. ind. Fertig. 75 (1985) 1, S. 29-33.

/83/ Spingler, J.C.;   Der richtige Dreh.
Fischer, G.:   In: Automobil-Produktion (1987) 9, S. 117-119.

/84/ N.N.:   Schraubroboter für 200 000 DM.
In: Flexible Automation (1986) 4, S. 46-47.

/85/ Stapel, A.:   Göteborger Spätlese '85.
In: Flexible Automation (1985) 2, S. 64-65.

/86/ N.N.:   Roboter-Schraubeinheiten im Baukastensystem.
In: KEM (1985) Oktober S 3, S.62.

/87/ N.N.:   Schneller Werkzeugwechsel erweitert
Einsatzmöglichkeiten für Roboter.
Presseinformation der Firma KUKA
Schweißanlagen + Roboter GmbH, Augsburg

/88/ Walther, J.;   Programmierbare Montagestation für
Spingler, J.;   Pkw-Motoren.
Bäßler, R.;   In: VDI-Z Bd. 126 Nr. 10 (1984) 5,
Wolf, E.:   S. 352-360.

/89/ Sthen, T.:   The development and implementation of
industrial robots for assembly operations
in the automotive and electrical industry.
In: Proceedings of the 6th international Conference on Assembly Automation, 14-16 May,
1985, Birmingham, UK, S. 41-48.

/90/ Arnström, A.;   A System for Automatic Assembly of
Gröndahl, P.:   Different Products.
In: Annals of the CIRP 34 (1985) 1, S. 17-20.

/91/ Haaf, D.:   Greifersystem mit taktilen Sensoren zum Fügen
mit Industrierobotern.
In: Verbindungstechnik 13 (1981) 4,S. 23-27.

/92/ Bitter, K.: Sensorsystem für Automation und Meßtechnik.
In: mav (1984) 10, S. 22-26.

/93/ Wolf, E,;
Bäßler, R.: Rationalisierungsreserve in der Montage.
Roboter (1984) 2, S. 38-44.

/94/ Jende, S.: Automatische Montage hochfester Schrauben.
In: wt - Z. ind. Fertig. 75 (1985) 9, S. 532-536.

/95/ Bräger, G.: Stellenwert der Norm in der automatischen
Montage.
In: Bericht über die 24. Konferenz Normenpraxis
(ANP Ausschuss Normenpraxis und DIN)
Darmstadt, 26-27.9.1985 (1986), S. 77-85.

/96/ Stapel, A.: Mikroprozessoren für sichere Verbindungen.
In: Flexible Automation (1984) 2, S. 64-68.

/97/ Stapel, A.: Schrauber mit Hirn.
In: DK (1984) 2, S. 22-24.

/98/ N.N.: Die Halle 54 - eine neue Fertigungsphilosophie,
die nicht nur den Autmobilbau revolutioniert.
In: Flexible Automation (1984) 1, S. 23-30 u. 79.

/99/ N.N.: Auto-matisch verschraubt.
In: KEM (1986) Sept., S.77-78.

/100/ Zimmermann, J.;
Hartung, R.: Robotergestützte Instandsetzung von Ver-
brennungsmotoren.
In: Fertigungstechnik und Betrieb 36 (1986) 12,
S. 730-732.

/101/ N.N.: Einfach nur festschrauben reicht nicht aus.
In: Flexible Automation (1986) 2, S. 64-65.

/102/ N.N.:   Schrauben. Neue Ergebnisse aus Forschung und Praxis.
In: Techno-tip 15 (1985) 9, S. 22-25.

/103/ Schupp, G.:   Schraubvorgänge automatisieren.
In: VDI-Z 127 (1985) 19, S. 8-12.

/104/ Emerson, Ch.:   Bolting with robot and vision.
In: American Machinist 129 (1985) 12, S. 75-77.

/105/ N.N.:   Die Mutter war der Vater der Schraube.
In: Atlas Copco Druckluftkommentare (1987) 2, S. 13-17.

/106/ Kliemand, W.:   Robotergerechte Gestaltung von Bohrungen und Wellen für die Montage von Wälzlagern.
In: Maschinenbautechnik 34 (1985) 9, S. 404-406.

/107/ Kliemand, W.; Hopperdietz, K.:   Theoretische Untersuchungen zum Einfädeln von Schrauben für die automatische Montage mit Hilfe von Industrierobotern.
Maschinenbautechnik 34 (1985) 3, S. 120-123.

/108/ Ohwovoriole, M.; Hill, J.; Roth, B.:   On The Theory Of Single And Multiple Insertions In Industrial Assemblies.
In: Proceedings of the 10th International Symposium on Industrial Robots, 5th International Conference on Industrial Robot Technology March 5th-7th, 1980, Milan, Italy, S.545-558.

/109/ Abdel-Malek, L.; Boucher, Th.:   A framework for the economic evaluation of production system and product design alternatives for robot assembly.
In: International Journal of Production Research. 23 (1985) 1, S. 197-208.

/110/   Arai, T.:   Application of knowledge engineering on
                                  automatic assembly of parts with complicated
                                  shapes.
                                  In: Proceedings of the 6th International
                                  Conference on Assembly Automation May 14-16,
                                  1985, Birmingham, UK, S. 67-76.

/111/   Ogiso, K.;   Increase of Reliability in Screw Tightening.
        Watanabe, M.:   In: Proceedings of the 4th International
                                  Conference on Assembly Automation Oct. 11-13,
                                  1983, Tokyo, Japan, S. 292-302.

/112/   Fukuoka, T.;   A Stress Analysis of Threaded Portions in
        Yamasaki, N.;   Fastening.
        Kitagawa, H.;   In: Bulletin of JSME 28 (1985) 244, S. 2247-2253.
        Hamada, M.:

/113/   Warnecke, H.J.:   New developments in the Technology of
                                  Automation-Related Joining Processes.
                                  In: Annals of the CIRP 35 (1986) 2, S. 453-460.

/114/   Grigull, U.;   Wärmeleitung.
        Sandner, H.:   Berlin, Heidelberg: Springer, 1986.

/115/   DIN 931 T.1   Sechskantschrauben mit Schaft. Juli 1982.

/116/   DIN 3129 T.2   Steckschlüsseleinsätze mit Innenvierkant für
                                  Sechskantschrauben. Maschinenbetätigt. Nov.
                                  1982.

/117/   Illgner, K.;   Schrauben Vademecum. 6.Aufl.
        Blume, D.:   Neuss: Bauer & Schaurte Karcher GmbH, 1985.

/118/ Mogged, Ch.:   An Analysis Of Screw Mating Requirements For
                                Automated Assembly.
                                Cambridge, Mass., Massachusetts Institute of
                                Technology, Thesis Bachelor of Science, 1977.

/119/ N.N.:   Verschraubung ohne Kaltverschweißen.
                                In: Techno-tip 18(1988) 6, S. 141.

/120/ Warnecke, H.J.;   Automatische Montage. Industrieroboter
       Fischer, G.:   übernimmt Einpreßvorgänge.
                                In: VDI-Z 129 (1987) 1, S. 54-56.

/121/ Holzmann, G.;   Technische Mechanik.
       Dreyer, H.-J.;   Teil 3: Festigkeitslehre.
       Faiss, H.:   Stuttgart: Teubner, 1975

IPA Forschung und Praxis

Schriftenreihe aus dem Institut für Produktionstechnik und Automatisierung, Stuttgart

Herausgeber: Prof. Dr.-Ing. H. J. Warnecke

Datenerfassung im Produktionsbereich
Von E. Bendeich. ISBN 3-7830-0117-8.
1977, 176 Seiten, kartoniert.
54,— DM

Methodenauswahl für die Materialbewirtschaftung in Maschinenbau-Betrieben
Von H. Graf. ISBN 3-7830-0136-6.
1977, 144 Seiten, kartoniert.
54,— DM

Systematische Auswahl von Förderhilfsmitteln für den innerbetrieblichen Materialfluß
Von W. Rau. ISBN 3-7830-0139-0.
1977, 103 Seiten, kartoniert.
40,— DM

Grundlagen zur Planung von Ersatzteilfertigungen
Von E. Schulz. ISBN 3-7830-0138-2.
1977, 98 Seiten, kartoniert.
40,— DM

Rechnerunterstützte Fabrikplanung
Von B. Minten. ISBN 3-7830-0116-1.
1977, 124 Seiten, kartoniert.
38,— DM

Eine Planungsmethode für automatische Montagesysteme
Von H.-G. Löhr. ISBN 3-7830-0120-X.
1977, 108 Seiten, kartoniert.
32,— DM

Planung und Bewertung von Arbeitssystemen in der Montage
Von H. Metzger. ISBN 3-7830-0131-5.
1977, 108 Seiten, kartoniert.
40,— DM

Klassifizierungssystem für Prüfmittel der industriellen Längenprüftechnik
Von R. Czetto. ISBN 3-7830-0144-7.
1978, 181 Seiten, kartoniert.
64,— DM

Rechnerunterstützte Montageplanung
Von O. Hirschbach. ISBN 3-7830-0149-8.
1978, 146 Seiten, kartoniert.
52,— DM

Rechnerunterstützte Entwicklung von Simulationsmodellen für Unternehmensplanspiele
Von A. Moker. ISBN 3-7830-0147-1.
1978, 181 Seiten, kartoniert.
64,— DM

Arbeitsplatzanalysen zur Ermittlung der Einsatzmöglichkeiten und Anforderungen an Industrieroboter
Von G. Herrmann. ISBN 37830-0151-X.
1978, 113 Seiten, kartoniert.
40,— DM

MFSP — Ein Verfahren zur Simulation komplexer Materialflußsysteme
Von G. Stemmer. ISBN 3-7830-0118-8.
1977, 140 Seiten, kartoniert.
60,— DM

Berührungslose Erkennung durch Positionsbestimmung von Objekten durch inkohärent-optische Korrelation
Von M. König. ISBN 3-7830-0137-4.
1977, 110 Seiten, kartoniert.
40,— DM

Auslegung von Störungspuffern in kapitalintensiven Fertigungslinien
Von R. v. Stetten. ISBN 3-7830-0140-4.
1977, 154 Seiten, kartoniert.
56,— DM

Flexible Transportablaufsteuerung
Von G. Römer. ISBN 3-7830-0114-5.
1977, 188 Seiten, kartoniert.
60,— DM

Rechnergestützte Realplanung von Fabrikanlagen
Von T.-K. Sauter. ISBN 3-7830-0119-6.
1977, 108 Seiten, kartoniert.
32,— DM

Systematisches Auswählen und Konzipieren von programmierbaren Handhabungsgeräten
Von R. D. Schraft. ISBN 3-7830-0115-3.
1977, 108 Seiten, kartoniert.
32,— DM

Auslandsproduktion
Von W. Cypris. ISBN 3-7830-0145-5.
1978, 126 Seiten, kartoniert.
42,— DM

Wirtschaftlicher Einsatz von Mehrkoordinatenmeßgeräten
Von M. Dietzsch. ISBN 3-7830-0148-X.
1978, 142 Seiten, kartoniert.
52,— DM

Fertigungssteuerung bei flexiblen Arbeitsstrukturen
Von K.-G. Lederer. ISBN 3-7830-0146-3.
1978, 128 Seiten, kartoniert.
42,— DM

Untersuchungen zum Polieren und Entgraten durch elektrochemisches Oberflächenabtragen
Von K. Zerweck. ISBN 3-7830-0150-1.
1978, 110 Seiten, kartoniert.
40,— DM

Stufenweise Ableitung eines praktischen Planungssystems für den Entwicklungsbereich
Von R. Hichert. ISBN 3-7830-0149-8.
1978, 151 Seiten, kartoniert.   52,— DM

Produktionsplanung mit Auftragsfamilien
Von U. W. Geitner. ISBN 3-7830-0161.7.
1979, 110 Seiten, kartoniert.   45,— DM

Thermisch-chemisches Entgraten
Von T. Wagner. ISBN 3-7830-0164-1.
1979, 111 Seiten, kartoniert.   45,— DM

Untersuchung der Materialflußkosten bei ausgewählten Systemen der Zentralen Arbeitsverteilung
Von R. Wenzel. ISBN 3-7830-0162-5.
1979, 168 Seiten, kartoniert.   86,— DM

Anpassung und Einführung eines Planungssystems für die Ablaufplanung im Konstruktionsbereich
Von W. Dangelmaier. ISBN 3-7830-0163-3.
1979, 168 Seiten, kartoniert.   80,— DM

Längenmessungen an bewegten Teilen mit berührungslos wirkenden Aufnehmern
Von H. Lang. ISBN 3-7830-0157-9.
1979, 89 Seiten, kartoniert.   42,— DM

Untersuchung multistabiler Strömungselemente und ihr Einsatz in sequentiellen Steuerungen
Von A. Ernst. ISBN 3-7830-0157-9.
1979, 122 Seiten, kartoniert.   48,— DM

Taktile Sensoren für programmierbare Handhabungsgeräte
Von M. Schweizer. ISBN 3-7830-0158-7.
1979, 91 Seiten, kartoniert.   42,— DM

Die rechnerunterstützte Prüfplanung
Von P. Blasing. ISBN 3-7830-0152-8.
1979, 100 Seiten, kartoniert.   44,— DM

Verfahren zur Fabrikplanung im Mensch-Rechner-Dialog am Bildschirm
Von W. Ernst. ISBN 3-7830-0156-0.
1979, 218 Seiten, kartoniert.   72,— DM

Rechnerunterstütztes Verfahren zur Leistungsabstimmung von Mehrmodell-Montagesystemen
Von M. Gorke. ISBN 3-7830-0155-2.
1979, 139 Seiten, kartoniert.   50,— DM

Standortbezogene Betriebsmittel
Von G. Pflieger. ISBN 3-7830-0167-6.
1979, 127 Seiten, kartoniert.   52,— DM

Die betriebswirtschaftliche Beurteilung neuer Arbeitsformen
Von B.-H. Zippe. ISBN 3-7830-0168-4.
1979, 350 Seiten, kartoniert.   98,— DM

Untersuchung des Arbeitsverhaltens programmierbarer Handhabungsgeräte
Von B. Brodbeck. ISBN 3-7830-0169-2.
1979, 117 Seiten, kartoniert.   48,— DM

Untersuchung eines kohärent-optischen Verfahrens zur Rauheitsmessung
Von N. Rau. ISBN 3-7830-0174-9.
1979, 117 Seiten, kartoniert.   48,— DM

Entwicklung einer programmierbaren, pneumatischen Steuerung
Von D. Klemenz. ISBN 3-7830-0171-4.
1979, 93 Seiten, kartoniert.   42,— DM

IPA Forschung und Praxis

Berichte aus dem Fraunhofer-Institut für Produktionstechnik und Automatisierung, Stuttgart, und dem Institut für Industrielle Fertigung und Fabrikbetrieb der Universität Stuttgart

Herausgeber: Prof. Dr.-Ing. H. J. Warnecke

38 **Arbeitsgangterminierung mit variabel strukturierten Arbeitsplänen — Ein Beitrag zur Fertigungssteuerung flexibler Fertigungssysteme**
Von U. Maier. ISBN 3-540-10213-2.
1980, 111 Seiten mit 45 Abbildungen. — 43.— DM

39 **Kapazitätsabgleich bei flexiblen Fertigungssystemen**
Von P. S. Nieß. ISBN 3-540-10372-4.
1980, 151 Seiten mit 57 Abbildungen. — 48.— DM

40 **Schichtdickenverteilung auf galvanisierten Paßteilen am Beispiel kleiner abgesetzter Wellen und Bohrungen**
Von D. Wolfhard. ISBN 3-540-10373-2.
1980, 177 Seiten mit 83 Abbildungen. — 48.— DM

41 **Planung von Mehrstellenarbeit unter Berücksichtigung von Umfeldaufgaben**
Von S. Häußermann. ISBN 3-540-10374-0.
1980, 136 Seiten mit 59 Abbildungen. — 48.— DM

42 **Untersuchungen zur Schmierfilmdicke in Druckluftzylindern — Beurteilung der Abstreifwirkung und des Reibungsverhaltens von Pneumatikdichtungen mit Hilfe eines neu entwickelten Schmierfilmdicken-meßverfahrens**
Von R. Köhnlechner. ISBN 3-540-10375-9.
1980, 100 Seiten mit 38 Abbildungen und 4 Tabellen. — 43.— DM

43 **Typologie zum überbetrieblichen Vergleich von Fertigungssteuerungsverfahren im Maschinenbau**
Von G. Rabus. ISBN 3-540-10376-7.
1980, 174 Seiten mit 88 Abbildungen und 21 Tafeln. — 48.— DM

44 **System zur Planung des Umlaufbestandes in Betrieben mit Serienfertigung**
Von K.-G. Wilhelm. ISBN 3-540-10377-5.
1980, 142 Seiten mit 67 Abbildungen und 15 Tafeln. — 48.— DM

45 **Rechnerunterstützte Arbeitsplanerstellung mit Kleinrechnern, dargestellt am Beispiel der Blechbearbeitung**
Von W. Hoheisel. ISBN 3-540-10505-0.
1981, 169 Seiten mit 74 Abbildungen. — 48.— DM

46 **Beitrag zur Verbesserung der Wirtschaftlichkeit EDV-unterstützter Fertigungssteuerungssysteme durch Schwachstellenanalyse**
Von J. Lienert. ISBN 3-540-10506-9.
1981, 148 Seiten mit 37 Abbildungen. — 48.— DM

47 **Die Abscheidung von Öl an Entlüftungsöffnungen drucklufttechnischer Anlagen**
Von W.-D. Kiessling. ISBN 3-540-10604-9.
1981, 117 Seiten mit 48 Abbildungen und 3 Tabellen. — 43.— DM

48 **Dynamische Optimierung technisch-ökonomischer Systeme**
Von J. Warschat. ISBN 3-540-10717-7.
1981, 132 Seiten mit 60 Abbildungen. — 43.— DM

49 **Bildsensor zur Mustererkennung und Positionsmessung bei programmierbaren Handhabungsgeräten**
Von H. Geißelmann. ISBN 3-540-10735-5.
1981, 125 Seiten mit 52 Abbildungen. — 43.— DM

50 **Verfügbarkeitsberechnung für komplexe Fertigungseinrichtungen**
Von Ekkehard Gericke. ISBN 3-540-10779-7.
1981, 132 Seiten mit 71 Abbildungen. — 43.— DM

51 **Materialflußgestaltung in Fertigungssystemen**
Von Willi Rößner. ISBN 3-540-10888-2.
1981, 149 Seiten mit 76 Abbildungen. — 48,— DM

52 **Beitrag zur Analyse der Auswirkungen der Mikroelektronik, dargestellt am Beispiel der Büromaschinen-Industrie**
Von Werner Neubauer. ISBN 3-540-10991-9.
1981, 145 Seiten mit 27 Abbildungen und 47 Tabellen. — 43.— DM

53 **Modelle von Informationssystemen zur kurzfristigen Fertigungssteuerung und ihre Gestaltung nach betriebsspezifischen Gesichtspunkten**
Von Roland Gentner. ISBN 3-540-10992-7.
1981, 181 Seiten mit 69 Abbildungen und 7 Tabellen. — 48,— DM

54 **Entwicklung von Verfahren zur Terminplanung und -steuerung bei flexiblen Montagesystemen**
Von Jürgen H. Kölle. ISBN 3-540-11227-8.
1981, 132 Seiten mit 64 Abbildungen und 1 Faltplan. — 43.— DM

55 **Arbeits- und Kapazitätsteilung in der Montage**
Von Stefan Dittmayer. ISBN 3-540-11228-6.
1981, 124 Seiten und 56 Abbildungen. — 43.— DM

56 **Beitrag zur systematischen Planung der Qualitätsprüfung bei Klein- und Mittelserienfertigung**
Von Herbert Babic. ISBN 3-540-11325-8
1982, 108 Seiten mit 38 Abbildungen und 7 Tabellen. — 53.— DM

57 **Methode zur rechnerunterstützten Einsatzplanung von programmierbaren Handhabungsgeräten**
Von Uwe Schmidt-Streier. ISBN 3-540-11355-X.
1982, 188 Seiten mit 72 Abbildungen. 53.– DM

58 **Werkstoff- und Energiekennwerte industrieller Lackieranlagen, am Beispiel der Automobilindustrie**
Von Rainer Manfred Thiel. ISBN 3-540-11356-8.
1982, 116 Seiten mit 59 Abbildungen. 53.– DM

59 **Maßnahmen zum Verbessern der pneumatischen Lackzerstäubung – Teilchengrößenbestimmung im Spritzstrahl –**
Von Klaus Werner Thomer. ISBN 3-540-11507-2.
1982, 162 Seiten mit 94 Abbildungen und 1 Tabelle. 53.– DM

60 **Ermittlung und Bewertung von Rationalisierungsmaßnahmen im Produktionsbereich**
Von Jürgen Schilde. ISBN 3-540-11730-X.
1982, 158 Seiten mit 57 Abbildungen. 53.– DM

61 **Untersuchung von Verfahren der Reihenfolgeplanung und ihre Anwendung bei Fertigungszellen**
Von Mohamed Osman. ISBN 3-540-11747-4.
1982, 124 Seiten mit 32 Abbildungen und 3 Tabellen. 53.– DM

62 **Ein Simulationsmodell zur Planung gruppentechnologischer Fertigungszellen**
Von Volker Saak. ISBN 3-540-11747-4.
1982, 134 Seiten mit 53 Abbildungen. 53.– DM

63 **Verfahren zur technischen Investitionsplanung automatisierter Fertigungsanlagen**
Von Günter Vettin. ISBN 3-540-11747-4.
1982, 134 Seiten mit 63 Abbildungen. 53.– DM

64 **Pneumatische Sensoren zur prozeßsimultanen Messung des Werkzeugverschleißes und zur Kollisionsvermeidung beim Messerkopffräsen**
Von Wolfgang Jentner. ISBN 3-540-11747-4.
1982, 126 Seiten mit 47 Abbildungen und 6 Tabellen. 53.– DM

65 **Rechnerunterstützte Gestaltung ortsgebundener Montagearbeitsplätze, dargestellt am Beispiel kleinvolumiger Produkte**
Von Eberhard Haller. ISBN 3-540-12015-7.
1982, 130 Seiten mit 43 Abbildungen. 53.– DM

66 **Fernsehüberwachung von Schutzgasschweißvorgängen mit abschmelzender Elektrode MIG – MAG**
Von Ruprecht Niepold. ISBN 3-540-12181-7.
1983, 178 Seiten mit 73 Abbildungen und 5 Tabellen. 58.– DM

67 **Entwicklung flexibler Ordnungssysteme für die Automatisierung der Werkstückhandhabung in der Klein- und Mittelserienfertigung**
Von Karl Weiss. ISBN 3-540-12455-1.
1983, 116 Seiten mit 68 Abbildungen. 58.– DM

68 **Automatisierte Überwachungsverfahren für Fertigungseinrichtungen mit speicherprogrammierten Steuerungen**
Von Werner Eißler. ISBN 3-540-12456-X.
1983, 128 Seiten mit 66 Abbildungen. 58.– DM

69 **Prozeßüberwachung beim Galvanoformen**
Von Jürgen Wilhelm Böcker. ISBN 3-540-12457-8.
1983, 118 Seiten mit 32 Abbildungen. 58.– DM

70 **LAPEX – Ein rechnerunterstütztes Verfahren zur Betriebsmittelzuordnung**
Von Stephan Mayer. ISBN 3-540-12490-X.
1983, 162 Seiten mit 34 Abbildungen und 2 Tabellen. 58.– DM

71 **Gestaltung eines integrierten Produktionssystems für die Sortenfertigung unter Einsatz der Clusteranalyse**
Von Gerald Weber. ISBN 3-540-12650-3.
1983, 194 Seiten mit 54 Abbildungen. 58.– DM

72 **Gußputzen mit sensorgeführten, programmierbaren Handhabungsgeräten**
Von Eberhard Abele. ISBN 3-540-12651-1.
1983, 133 Seiten mit 66 Abbildungen. 58,– DM

73 **Untersuchungen zur Herstellung und zum Einsatz galvanogeformter Erodierelektroden**
Von Harald Müller. ISBN 3-540-12822-0.
1983, 148 Seiten mit 78 Abbildungen. 58,– DM

74 **Ein Beitrag zur Optimierung der Prozeßführungsstrategien automatisierter Förder- und Materialflußsysteme**
Von Hans Steffens. ISBN 3-540-12968-5.
1983. 161 Seiten mit 60 Abbildungen. 58,– DM

75 **Entwicklung eines Verfahrens zur wertmäßigen Bestimmung der Produktivität und Wirtschaftlichkeit von Personalentwicklungsmaßnahmen in Arbeitsstrukturen**
Von Christian Müller. ISBN 3-540-13041-1.
1983. 129 Seiten mit 34 Abbildungen. 58,– DM

76 **Berechnung der Gestaltänderung von Profilen infolge Strahlverschleiß**
Von Wolfgang Marx. ISBN 3-540-13054-3.
1983. 121 Seiten mit 58 Abbildungen. 58,– DM

77 **Algorithmen zur flexiblen Gestaltung der kurzfristigen Fertigungssteuerung**
Von Rudolf E. Scheiber. ISBN 3-540-13500-6.
1984, 150 Seiten mit 73 Abbildungen und 1 Tabelle. 63.– DM

78 **Galvanisieren mit moduliertem Strom**
Von Jürgen Wolfgang Mann. ISBN 3-540-13733-5.
1984, 145 Seiten und 58 Abbildungen. 63,– DM

79 **Fluoreszenzmeßverfahren zur Schmierfilmdickenmessung in Wälzlagern**
Von Wolfgang Schmutz. ISBN 3-540-13777-7.
1984, 141 Seiten und 66 Abbildungen. 63,– DM

IPA-IAO Forschung und Praxis

Berichte aus dem Fraunhofer-Institut für Produktionstechnik und
Automatisierung (IPA), Stuttgart, Fraunhofer-Institut für Arbeitswirtschaft
und Organisation (IAO), Stuttgart, und Institut für Industrielle Fertigung
und Fabrikbetrieb der Universität Stuttgart

Herausgeber: Prof. Dr.-Ing. H. J. Warnecke und Prof. Dr.-Ing. H.-J. Bullinger

80 Flexibilität und Kapazität von Werkstückspeichersystemen
Von Bernhard Graf. ISBN 3-540-13970-2.
1984, 115 Seiten mit 71 Abbildungen. — 63,— DM

T1 Flexible Fertigungssysteme
17. IPA-Arbeitstagung zusammen mit der 3. Internationalen Konferenz
„Flexible Manufacturing Systems (FMS-3)", ISBN 3-540-13807-2.
1984, 249 Seiten mit zahlreichen Abbildungen. — 118,— DM

T2 Integrierte Bürosysteme
3. IAO-Arbeitstagung. ISBN 3-540-13978-8.
1984, 633 Seiten mit zahlreichen Abbildungen. — 168,— DM

81 Rechnerunterstützte Planung von Montageablaufstrukturen für Erzeugnisse der Serienfertigung
Von Ernst-Dieter Ammer. ISBN 3-540-15056-0.
1985, 120 Seiten mit 1 Faltblatt und 33 Abbildungen — 63,— DM

82 Flexibilität von personalintensiven Montagesystemen bei Serienfertigung
Von Heinrich Vähning. ISBN 3-540-15093-5.
1985, 152 Seiten mit 49 Abbildungen. — 63 — DM

83 Ordnen von Werkstücken mit programmierbaren Handhabungsgeräten und Werkstückerkennungssensoren
Von Ingo Schmidt. ISBN 3-540-15375-6.
1985, 111 Seiten mit 66 Abbildungen. — 63,— DM

84 Systematische Investitionsplanung
Von Jorge Moser. ISBN 3-540-15370-5.
1985, 190 Seiten mit 69 Abbildungen — 63 — DM

T3 Montage · Handhabung · Industrieroboter
Internationaler MHI-Kongreß im Rahmen der Hannover-Messe '85 ISBN 3-540-15500-7
1985, 267 Seiten mit zahlreichen Abbildungen. — 128,— DM

85 Flexible Montagesysteme – Konzeption und Feinplanung durch Kombination von Elementen
Von Peter Konold / Bernd Weller. ISBN 3-540-15606-2
1985, 162 Seiten mit 71 Abbildungen und 9 Tabellen. — 63,— DM

T4 Menschen · Arbeit · Neue Technologien
4. IAO-Arbeitstagung zusammen mit der 2. Internationalen Konferenz
„Human Factors in Manufacturing". ISBN 3-540-15763-8
1985, 442 Seiten mit zahlreichen Abbildungen. — 168,— DM

86 Leitstandunterstützte kurzfristige Fertigungssteuerung bei Einzel- und Kleinserienfertigung
Von Lothar Aldinger. ISBN 3-540-15903-7.
1985, 151 Seiten mit 49 Abbildungen und 2 Tabellen — 63,— DM

87 Bestimmen des Bürstenverhaltens anhand einer Einzelborste
Von Klaus Przyklenk. ISBN 3-540-15956-8
1985, 117 Seiten mit 74 Abbildungen. — 63,— DM

88 Montage großvolumiger Produkte mit Industrierobotern
Von Jörg Walther. ISBN 3-540-16027-2.
1985, 125 Seiten mit 58 Abbildungen — 63,— DM

89 Algorithmen und Verfahren zur Erstellung innerbetrieblicher Anordnungspläne
Von Wilhelm Dangelmaier. ISBN 3-540-16144-9.
1986, 268 Seiten mit 79 Abbildungen — 68,— DM

90 Bewertung der Instandhaltung von Fertigungssystemen in der technischen Investitionsplanung
Von Hagen U. Uetz. ISBN 3-540-16166-X
1986, 129 Seiten mit 38 Abbildungen — 68,— DM

91 Entgraten durch Hochdruckwasserstrahlen
Von Manfred Schlatter ISBN 3-540-16172-4.
1986, 167 Seiten mit 89 Abbildungen und 18 Tabellen. — 68,— DM

92 Werkstückorientierte Verfahrensauswahl zum Gußputzen mit Industrierobotern
Von Wolfgang Sturz ISBN 3-540-16224-0.
1986, 156 Seiten mit 59 Abbildungen — 68,— DM

93 Verfahren zur Verringerung von Modell-Mix-Verlusten in Fließmontagen
Von Reinhard Koether. ISBN 3-540-16499-5.
1986, 175 Seiten mit 46 Abbildungen und 1 Tabelle. — 68,— DM

94 Entwicklung und Einsatz eines interaktiven Verfahrens zur Leistungsabstimmung von Montagesystemen
Von Gunter Schad ISBN 3-540-16978-4
1986, 120 Seiten mit 31 Abbildungen und 1 Tabelle. — 68,— DM

95 **Qualifizierung an Industrierobotern**
Von Wolfgang Bachl. ISBN 3-540-17018-9.
1986, 218 Seiten mit 30 Abbildungen.   68,– DM

96 **Rechnersimulation des Beschichtungsprozesses beim Elektrotauchlackieren –
Anwendung zum Berechnen des Umgriffs**
Von Otto Baumgärtner. ISBN 3-540-17102-9.
1986, 113 Seiten mit 42 Abbildungen.   68,– DM

97 **Ergonomische Gestaltung von Rotationsstellteilen für grob- und sensomotorische Tätigkeiten**
Von Werner F. Muntzinger. ISBN 3-540-17247-5.
1986, 135 Seiten mit 51 Abbildungen und 33 Tabellen.   68,– DM

98 **Die optische Rauheitsmessung in der Qualitätstechnik**
Von R.-J. Ahlers. ISBN 3-540-17242-4.
1986, 133 Seiten mit 56 Abbildungen und 2 Tabellen.   68,– DM

99 **Maschinelle Spracherkennung zur Verbesserung der Mensch-Maschine-Schnittstelle**
Von Gerhard Rigoll. ISBN 3-540-17350-1.
1986, 134 Seiten mit 55 Abbildungen.   68,– DM

100 **Konzeption und Auswahl modularer Magazinpaletten**
Von Thomas Zipse. ISBN 3-540-17584-9.
1987, 126 Seiten mit 54 Abbildungen.   68,– DM

101 **Anschlüsse an Kupferrohre – Herstellung und Automatisierungsmöglichkeit**
Von Eberhard Rauschnabel. ISBN 3-540-17807-4.
1987, 120 Seiten mit 88 Abbildungen.   68,– DM

102 **Mengen- und ablauforientierte Kapazitätsplanung von Montagesystemen**
Von Hans Sauer. ISBN 3-540-17815-5.
1987, 156 Seiten mit 64 Abbildungen.   68,– DM

103 **Verfahrensinstrumentarium zur Werkstückauswahl und Auslegung von Industrieroboterschweißsystemen**
Von Herbert Gzik. ISBN 3-540-17928-3.
1987, 138 Seiten mit 56 Abbildungen.   68,– DM

104 **Integration von Förder- und Handhabungseinrichtungen**
Von Joachim Schuler. ISBN 3-540-17955-0.
1987, 153 Seiten mit 61 Abbildungen.   68,– DM

105 **Produktionsmengen- und -terminplanung bei mehrstufiger Linienfertigung**
Von H. Kühnle. ISBN 3-540-18038-9.
1987, 124 Seiten mit 25 Abbildungen.   68,– DM

106 **Untersuchung des Plasmaschneidens zum Gußputzen mit Industrierobotern**
Von Jong-Oh Park. ISBN 3-540-18037-0.
1987, 142 Seiten mit 70 Abbildungen.   68,– DM

107 **Fügen von biegeschlaffen Steckkontakten mit Industrierobotern**
Von Daegab Gweon. ISBN 3-540-18134-2.
1987, 115 Seiten mit 13 Abbildungen.   68,– DM

108 **Entwicklung eines biomechanischen Modells des Hand-Arm-Systems**
Von Georgios Tsotsis. ISBN 3-540-18135-0.
1987, 163 Seiten mit 45 Abbildungen.   68,– DM

109 **Ein Beitrag zur Planungssystematik für die automatisierte flexible Blechteilefertigung**
Von Thomas Weber. ISBN 3-540-18136-9.
1987, 149 Seiten mit 56 Abbildungen.   68,– DM

110 **Entwicklung eines Meßverfahrens zur Bestimmung des Positionier- und Orientierungsverhaltens
von Industrierobotern**
Von Günter Schiele. ISBN 3-540-18137-7.
1987, 116 Seiten mit 48 Abbildungen.   68,– DM

111 **Schwingungsbelastung beim Arbeiten mit handgeführten, einachsigen Motormähgeräten**
Von Peter Kern. ISBN 3-540-18193-8.
1987, 145 Seiten mit 43 Abbildungen und 5 Tabellen.   68,– DM

112 **Entwicklung eines berührungslosen Tastsystems für den Einsatz an Koordinatenmeßgeräten**
Von Hie-Sik Kim. ISBN 3-540-18578-X.
1987, 111 Seiten mit 62 Abbildungen und 4 Tabellen.   68,– DM

113 **Qualifizierung an Industrierobotern – Ziele, Inhalte und Methoden**
Von Volker Korndörfer. ISBN 3-540-18618-2.
1987, 318 Seiten mit 100 Abbildungen.   68,– DM

114 **Funktional und räumlich variables und modulares Laborgerätesystem**
Von Alfred Mack. ISBN 3-540-18786-3.
1988, 116 Seiten mit 39 Abbildungen.   73,– DM

115 **Produktrecycling im Maschinenbau**
Von Rolf Steinhilper. ISBN 3-540-18849-5.
1988, 167 Seiten mit 50 Abbildungen.   73,– DM

116 **Integration der montagegerechten Produktgestaltung in den Konstruktionsprozeß**
Von Rudolf Bäßler. ISBN 3-540-19058-9.
1988, 133 Seiten mit 49 Abbildungen.   73,– DM

117 **Ein Algorithmus zur kapazitätsorientierten Bildung von Losen**
Von Tilmann Greiner. ISBN 3-540-19300-6.
1988, 135 Seiten mit 37 Abbildungen.   73,– DM

118 **Kabelbaummontage mit Industrierobotern**
Von Gerd Schlaich. ISBN 3-540-19301-4.
1988, 131 Seiten mit 62 Abbildungen. 73,– DM

119 **Beitrag zur Verbesserung der Fertigungskostentransparenz bei Großserienfertigung mit Produktvielfalt**
Von Albrecht Köhler. ISBN 3-540-19393-6.
1988, 148 Seiten mit 72 Abbildungen. 73,– DM

120 **Entwicklungs- und Planungshilfen zum Aufbau von flexiblen Ordnungssystemen**
Von Rainer Schanz. ISBN 3-540-19394-4.
1988, 104 Seiten mit 48 Abbildungen. 73,– DM

121 **Bestücken von Leiterplatten mit Industrierobotern**
Von Ernst Wolf. ISBN 3-540-50013-8.
1988, 132 Seiten mit 63 Abbildungen. 73,– DM

122 **Verschleißvorgänge beim Querschneiden dünner Bahnen**
Von Thomas Hülsmann. ISBN 3-540-50049-9.
1988, 126 Seiten mit 47 Abbildungen und 5 Tabellen. 73,– DM

123 **Geometrieprüfung in der Fertigungsmeßtechnik mit bildverarbeitenden Systemen**
Von Claus P. Keferstein. ISBN 3-540-50050-2.
1988, 128 Seiten mit 53 Abbildungen. 73,– DM

124 **Modulares Simulationsmodell für die Abläufe in verketteten Fertigungszellen mit Industrierobotern**
Von Kum-Hoan Kuk. ISBN 3-540-50069-3.
1988, 130 Seiten mit 57 Abbildungen. 73,– DM

125 **Montage von Schläuchen mit Industrierobotern**
Von Bruno Frankenhauser. ISBN 3-540-50072-3.
1988, 139 Seiten mit 63 Abbildungen. 73,– DM

126 **Kommissioniersystem mit Roboter und Mehrstückgreifer**
Von Klaus Baumeister. ISBN 3-540-50133-9.
1988, 104 Seiten mit 53 Abbildungen. 73,– DM

127 **Sensorunterstütztes Programmierverfahren für das Entgraten mit Industrierobotern**
Von Dieter Boley. ISBN 3-540-50175-4.
1988, 128 Seiten mit 67 Abbildungen. 73,– DM

128 **Die Arbeitsraumgestaltung manueller Montagearbeitsplätze mit graphischen und wissensbasierten Methoden**
Von Klaus Lay. ISBN 3-540-50259-9.
1988, 129 Seiten mit 50 Abbildungen und 7 Tabellen. 73,– DM

129 **Automatisierung des Biegerichtens**
Von Stefan Thiel. ISBN 3-540-50432-X.
1988, 142 Seiten mit 57 Abbildungen und 5 Tabellen. 73,– DM

130 **Rechnergestützte Verfahren zur Auslegung der Mechanik von Industrierobotern**
Von Martin-Christoph Wanner. ISBN 3-540-50640-3.
1989, 202 Seiten mit 80 Abbildungen. 73,– DM

131 **Entwicklung eines bestandsorientierten Fertigungssteuerungssystems für die Großserienfertigung am Beispiel des Automobilbaus**
Von G. Hachtel. ISBN 3-540-50639-X.
1989, 163 Seiten mit 34 Abbildungen und 6 Tabellen. 73,– DM

132 **Ergonomische Gestaltung der Benutzerschnittstelle am Antriebssystem des Greifreifenrollstuhls**
Von Ludwig Traut. ISBN 3-540-50877-5.
1989, 210 Seiten mit 127 Abbildungen. 73,– DM

133 **Planung taktzeitoptimierter flexibler Montagestationen**
Von Joachim Schöninger. ISBN 3-540-50896-1.
1989, 122 Seiten mit 47 Abbildungen. 73,– DM

134 **Ein Modell für ein integriertes Qualitäts- und Prüfplanungssystem in der Montage**
Von Josef R. Kring. ISBN 3-540-51195-4.
1989, 140 Seiten mit 60 Abbildungen. 73,– DM

135 **Fertigungsstrukturierung auf der Basis von Teilefamilien**
Von Manfred Auch. ISBN 3-540-51290-X.
1989, 138 Seiten mit 34 Abbildungen. 73,– DM

136 **Kollisionsbehandlung als Grundbaustein eines modularen Industrieroboter-Off-line-Programmiersystems**
Von Andreas Altenhein. ISBN 3-540-51418-X.
1989, 129 Seiten mit 53 Abbildungen. 73,– DM

137 **Ein Beitrag zur Planung und Bewertung Neuer Arbeitsstrukturen in NE-Metallgießereien Dargestellt am Beispiel der Fertigungsinsel**
Von Horst Nespeta. ISBN 3-540-51419-8.
1989, 157 Seiten mit 58 Abbildungen. 73,– DM

138 **Verfahren zur Prüfung der Partikelkontamination in Versorgungssystemen für hochreine Flüssigkeiten**
Von Rolf Herz. ISBN 3-540-51457-0.
1989, 123 Seiten mit 61 Abbildungen. 73,– DM

139 **Messung gekrümmter Flächen mit berührungslosen Verfahren**
Von Leo Schreiber. ISBN 3-540-51493-7.
1989, 119 Seiten mit 72 Abbildungen. 73,– DM

140 **Automatisiertes Lackieren mit steuerbaren Spritzpistolen**
Von Konrad A. Ortlieb. ISBN 3-540-51518-6.
1989, 121 Seiten mit 45 Abbildungen. 73,– DM

141 **Grundlagen zur Entwicklung reinraumtauglicher Handhabungssysteme**
Von Jürgen Geißinger. ISBN 3-540-51959-9.
1989, 124 Seiten mit 82 Abbildungen. 73,— DM

142 **CAD-Video-Somatographie**
Entwicklung und Bewertung einer Methode zur anthropometrischen Arbeitsgestaltung
Von Dieter Lorenz. ISBN 3-540-52163-1.
1989, 169 Seiten mit 61 Abbildungen. 73,— DM

143 **Eine Systemarchitektur für die Gestaltung und das Management verteilter Informationssysteme**
Von Andreas J. Ness. ISBN 3-540-52224-7.
1990, 203 Seiten mit 62 Abbildungen. 78,— DM

144 **Untersuchungen über den optisch-physiologischen Eindruck der Oberflächenstruktur von Lackfilmen**
Von Horst Schene. ISBN 3-540-52226-3.
1990, 149 Seiten mit 106 Abbildungen. 78,— DM

145 **Planungsmethodik für ein Qualitätskostensystem**
Von Alfred Rauba. ISBN 3-540-52477-0.
1990, 166 Seiten mit 73 Abbildungen. 78,— DM

146 **Kleinserienbestückung von Leiterplatten mit bedrahteten Bauelementen durch Industrieroboter**
Von Martin Domm. ISBN 3-540-52867-9.
1990, 106 Seiten mit 48 Abbildungen. 78,— DM

147 **Sensor- und Steuerungssystem für die leitlinienlose Führung automatischer Flurförderzeuge**
Von Gerhard Drunk. ISBN 3-540-53033-9.
1990, 135 Seiten mit 52 Abbildungen. 78,— DM

148 **Ein System zur wissensbasierten Diagnose an CNC-Werkzeugmaschinen durch den Maschinenbediener**
Von Klaus-Peter Fähnrich. ISBN 3-540-53034-7.
1990, 132 Seiten mit 48 Abbildungen und 18 Tabellen. 78,— DM

149 **Werkstückbegleitender Informationsspeicher als Basis für ein informationstechnisches Konzept für**
Halbleiterfertigungen
Von Klaus-Dieter Sauter. ISBN 3-540-53236-6.
1990, 115 Seiten mit 55 Abbildungen. 78,— DM

150 **Ein Planungsverfahren zur Erkennung und Bewältigung von Material- und Kapazitätsengpässen bei**
mehrstufiger Linienfertigung
Von Ralf-Michael Fuchs. ISBN 3-540-53271-4.
1990, 176 Seiten mit 65 Abbildungen. 78,— DM

151 **Montage von Schrauben mit Industrierobotern**
Von Gernot E. Fischer. ISBN 3-540-53519-5.
1990, 97 Seiten mit 37 Abbildungen. 78,— DM

Die Bände sind im Erscheinungsjahr und in den folgenden drei Kalenderjahren zu beziehen durch den örtlichen Buchhandel oder durch Lange & Springer, Otto-Suhr-Allee 26–28, 1000 Berlin 10.